U0490992

世界轻武器
WORLD SMALL ARMS

罗 兴 编著

步枪 榴弹发射器 火箭筒

吉林美术出版社｜全国百佳图书出版单位

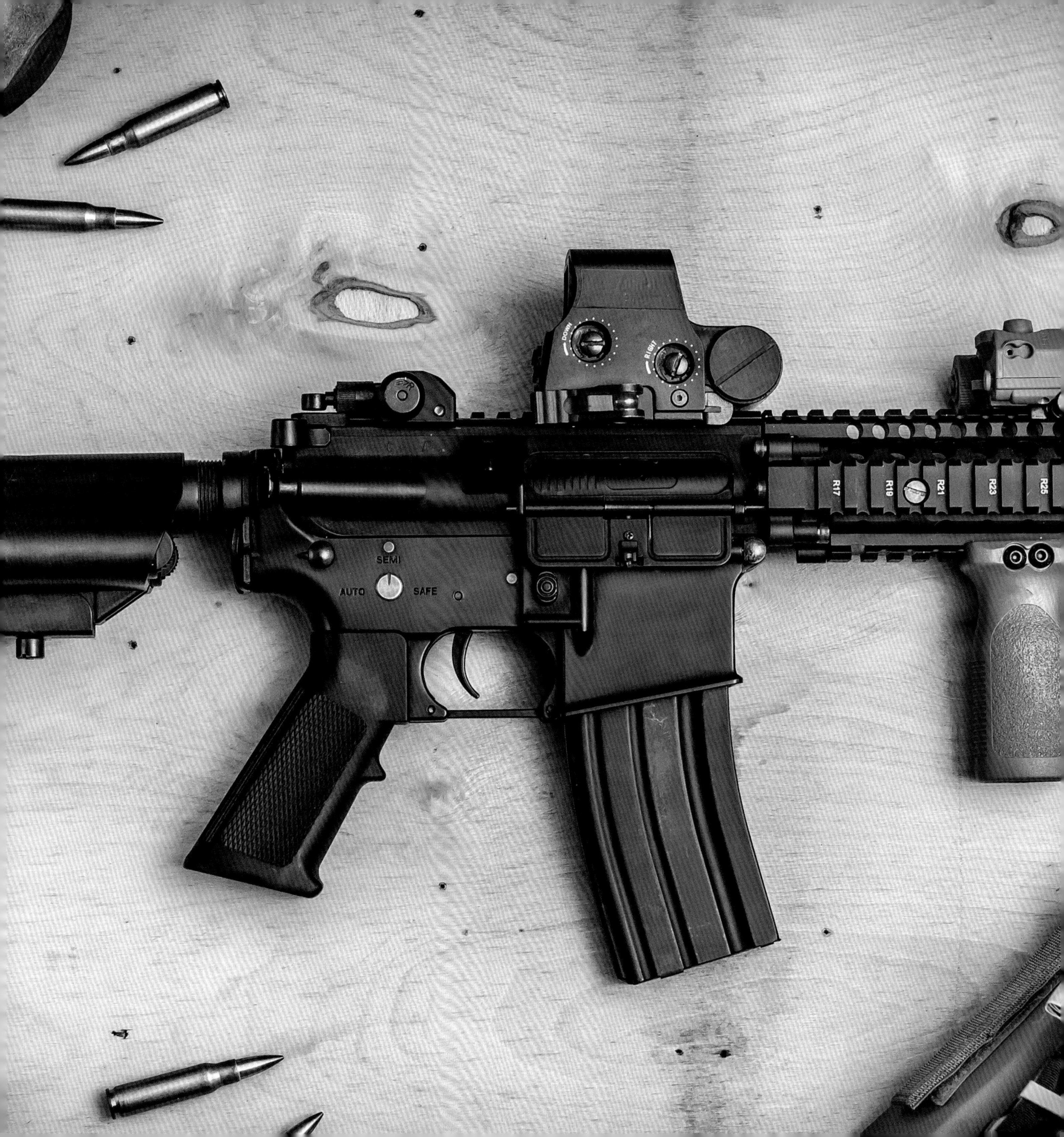
DOWN
RIGHT
SEMI
AUTO
SAFE
R17
R19
R21
R23
R25

前 言

轻武器（Small Arms），也称"小型武器"，是一种供步兵及其班组在作战中使用的武器，通常包括手枪、冲锋枪、步枪、机枪、榴弹发射器以及火箭筒等。轻武器的概念在热兵器诞生后逐渐成型，并根据作战需求不断发展，形成了一个独立的武器体系。

翻开历史，轻武器曾在战争史中担任重要角色，比如早期线列步兵战术中步枪的使用，再到第一次世界大战中以机枪火力为主构建的堑壕战，及为了突破堑壕而诞生的霰弹枪、冲锋枪。直到第二次世界大战时期对手动步枪进行升级而诞生的半自动步枪与自动步枪，以及为步兵提供面火力杀伤的榴弹发射器与火箭筒。

今天，尽管战争的模式不断变换，但各类轻武器仍活跃在特定的战场中，例如反恐作战、特种作战等。如今的轻武器发展主要呈现出模块化、扩展化与系列化的特点，并将信息技术与单兵装备充分整合，以提高士兵的战场信息感知与传输能力、战场机动能力、战场生存能力。

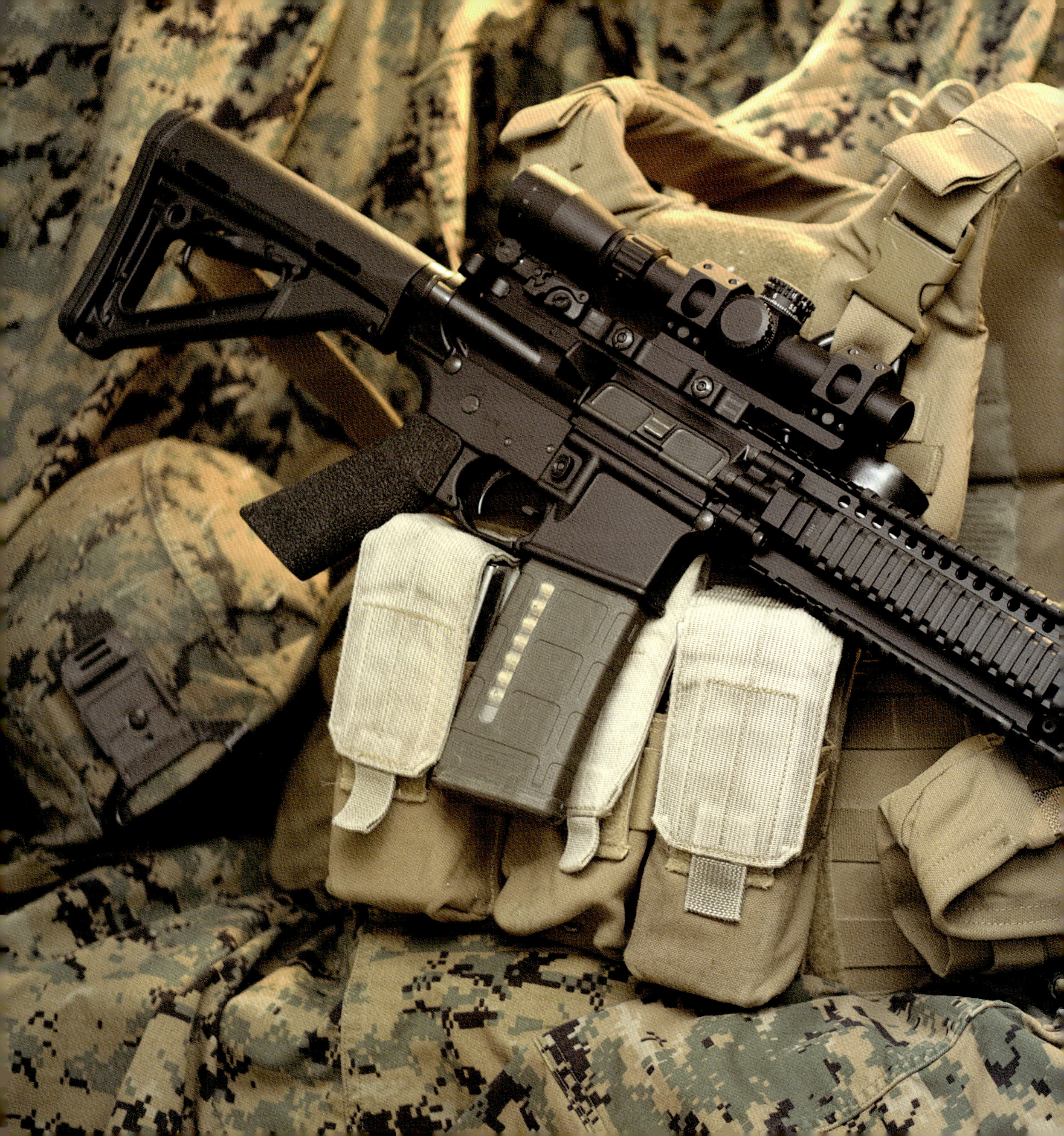

目 录

步枪 ··· 001
榴弹发射器 ······································· 151
火箭筒 ··· 163

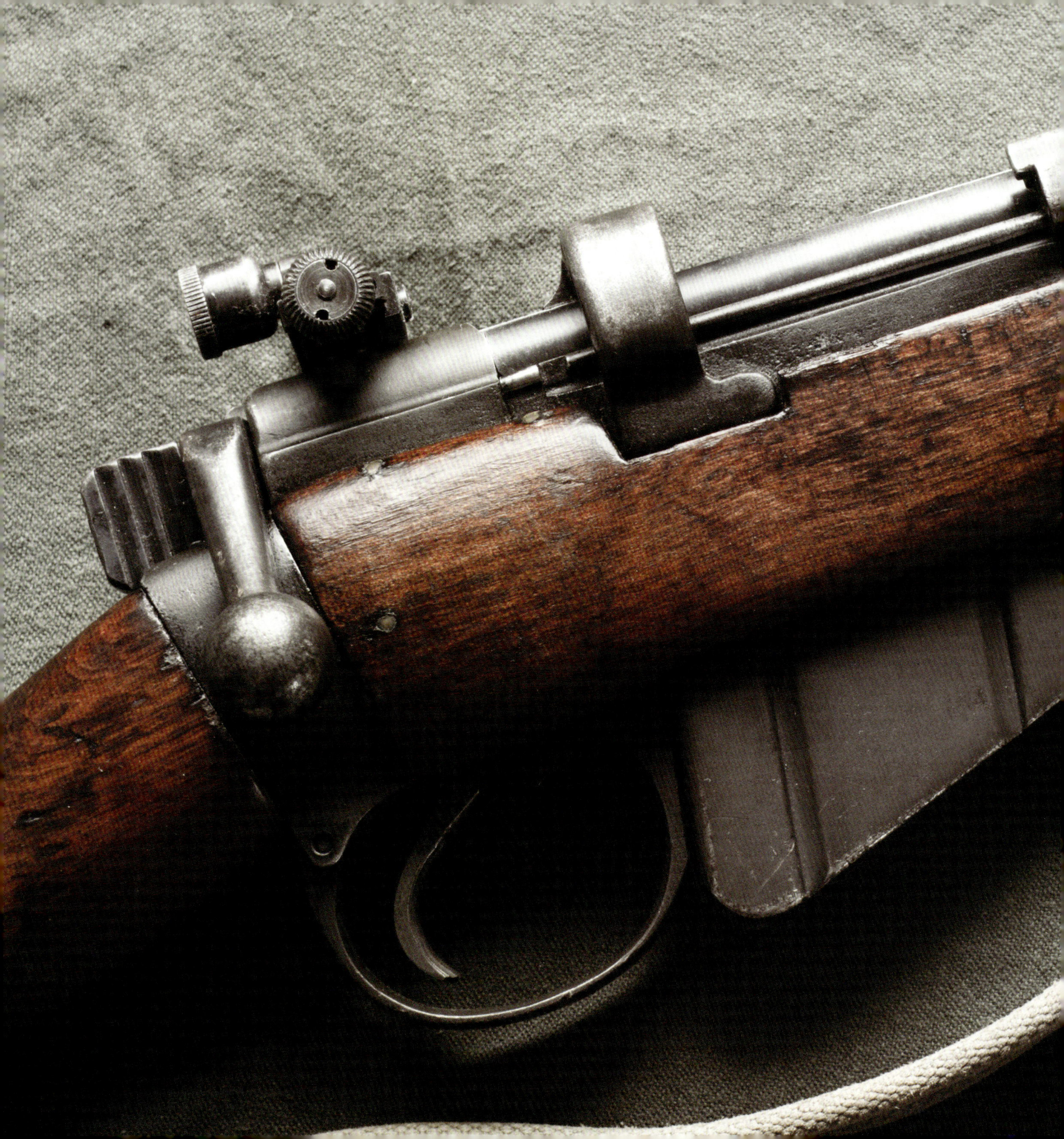

步枪
手动步枪

莫辛－纳甘步枪

莫辛－纳甘步枪是俄国军队上尉莫辛与比利时纳甘兄弟在19世纪末设计的步枪型号。1891年莫辛－纳甘步枪装备俄国军队，因此被命名为莫辛－纳甘M1891步枪。1917年后，苏军也大规模使用莫辛－纳甘步枪。1930年苏军对莫辛－纳甘M1891步枪进行改进，推出了莫辛－纳甘M1891/30步枪，同时在这款步枪的基础上增设狙击步枪型号。1944年，莫辛－纳甘M1944卡宾枪开始大规模生产，1948年停产。

步 枪 003

莫辛 - 纳甘 M1891/30 步枪

莫辛 - 纳甘 M1891 步枪

莫辛 - 纳甘 M1944 卡宾枪

莫辛 - 纳甘 M1891/30 狙击枪

弹　　种：	7.62 毫米 ×54 毫米全威力步枪弹
全枪长度：	1304 毫米
空枪重量：	4.43 千克
供弹方式：	弹仓（5 发）

M1903 春田步枪

M1903春田步枪由美国春田兵工厂研制生产,春田兵工厂(Springfield Armory)又译为"斯普林菲尔德兵工厂",因此,该枪也被称为"斯普林菲尔德M1903步枪"。M1903春田步枪采用旋转后拉式枪机设计,枪管长610毫米,膛线设计为4条左旋膛线,有效射程为550米。在射击时,M1903春田步枪的枪口初速为每秒853米,机械瞄具由片状准星和带有折叠框形表尺的缺口式照门组成,使用方便且操作可靠。

拉机柄

弹　　种:7.62毫米×63毫米
　　　　　全威力步枪弹(.30-06步枪弹)
全枪长度:1097毫米
空枪重量:3.94千克
供弹方式:弹仓(5发)

步 枪　　005

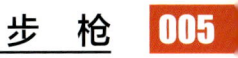

扳机　　　　　　　　　　　　　　金属箍

李-恩菲尔德 No.5 步枪

李-恩菲尔德步枪是英军在1895年至1956年所装备的手动步枪型号,其中李-恩菲尔德 No.1 步枪、李-恩菲尔德 No.3 步枪、李-恩菲尔德 No.4 步枪都被大规模装备。而李-恩菲尔德 No.5 步枪则是恩菲尔德兵工厂在1943年研制的一款短枪管型号,并在1944年正式定型,主要作为英军在东南亚丛林使用的步枪,因此李-恩菲尔德 No.5 步枪也被称为"Jungle Carbine"(丛林卡宾枪)。与前几个型号相比,李-恩菲尔德 No.5 步枪的枪管更短,射击会产生更大的枪口焰,因此枪口处设有一个喇叭形消焰器。

李氏步枪全家福

李-恩菲尔德 No.3 步枪

步 枪

● 由于李-恩菲尔德系列步枪枪机行程较短，再加上弹仓一次性可装填10发枪弹，因此射速很快。毫不夸张地说，"李-恩菲尔德"是射速最快的手动步枪之一。

弹　　种：	7.7毫米×56毫米步枪弹（.303 British）
全枪长度：	1000毫米
空枪重量：	3.24千克
供弹方式：	弹仓（10发）
产　　地：	英国

K31 步枪

K31 步枪是瑞士联邦军工厂在 20 世纪 30 年代前后设计的一款手动步枪型号。这款步枪采用了直拉式枪机设计，与传统的旋转后拉式枪机相比，直拉式枪机退壳、上弹的速度更快，因此有着更好的火力持续性。当然，有利必有弊，直拉式枪机的结构要比旋转后拉式枪机更为复杂，零部件数量也更多，因此生产成本也就更高。同时在战场上，复杂的机械结构需要勤加维护，以避免出现故障。

弹　　种：7.5 毫米 ×55 毫米步枪弹
全枪长度：1105 毫米
空枪重量：4 千克
供弹方式：弹仓（6 发）

步 枪

毛瑟 Kar.98k 卡宾枪

毛瑟 Kar.98k 卡宾枪是第二次世界大战中德军主要装备的手动步枪型号。这款卡宾枪于 1935 年诞生，在毛瑟 G98 步枪的基础上发展而来。该枪采用旋转后拉式枪机设计，机械瞄具由片状准星和带有表尺的缺口式照门组成。总体而言，毛瑟 Kar.98k 卡宾枪有着出色的精度，同时该枪也有狙击型号，是二战德军狙击手的制式步枪。

弹　　种：	7.92 毫米 ×57 毫米毛瑟步枪弹
全枪长度：	1100 毫米
空枪重量：	3.9 千克
供弹方式：	弹仓（5 发）

● 毛瑟 Kar.98k 卡宾枪近年来因游戏作品《绝地求生》而广为人知并受人喜爱。但现实中作为一款二战前期诞生的卡宾枪，毛瑟 Kar.98k 卡宾枪未使用浮置式枪管设计，再加上木质枪托易受潮变形等，这些原因都会导致枪支的射击精度下降，因此无法与现代狙击步枪一较高下。

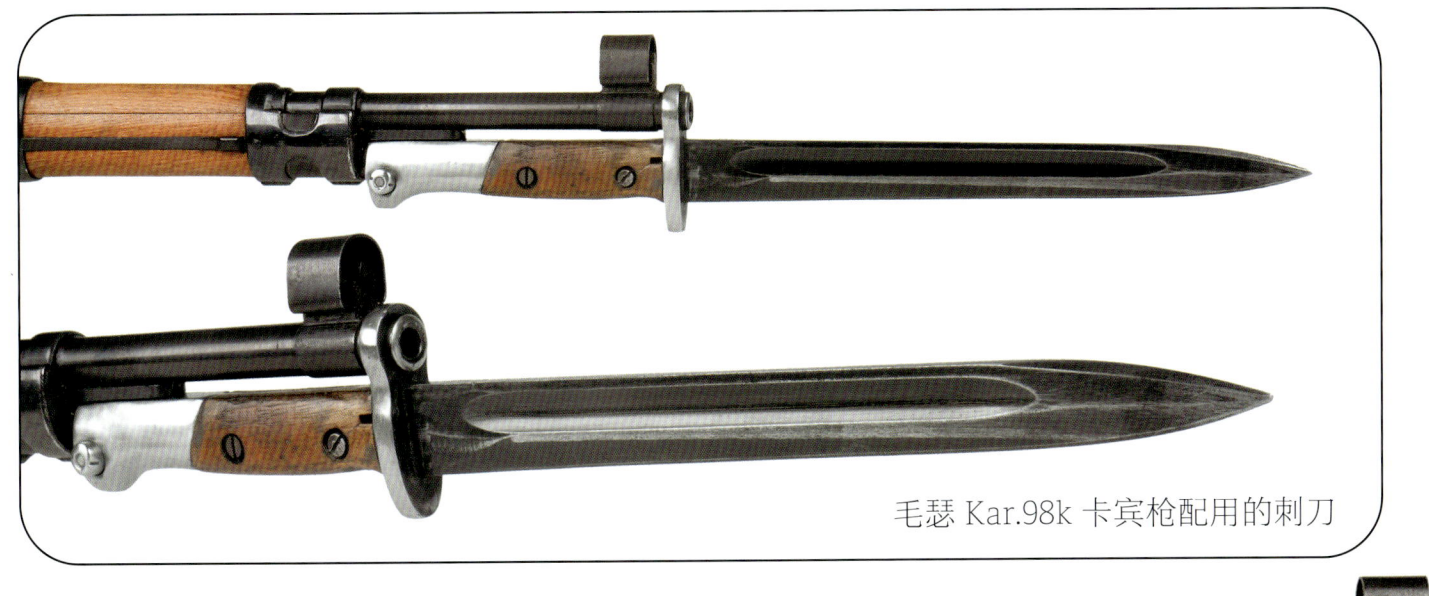

步 枪　011

毛瑟 Kar.98k 卡宾枪配用的刺刀

毛瑟 Kar.98k 卡宾枪表尺

三八式步枪

三八式步枪是日本军队在 20 世纪初装备的手动步枪型号。这款步枪采用旋转后拉式枪机设计,枪机组件由 5 个零部件组成,结构简单,易于维护。三八式步枪最大的特点是枪机上有一个随枪机联动的防尘盖,因此也被称为"三八大盖"。三八式步枪枪管长 797 毫米,射击时初速为每秒 765 米,具有射程远、精度高等优点,但同时该枪整体长度较长,在狭窄地形携行不便且机动受限。

步 枪　013

弹　　种：6.5 毫米 ×50 毫米有坂步枪弹
全枪长度：1275 毫米
空枪重量：3.73 千克
供弹方式：弹仓（5 发）

四四式步骑枪

四四式步骑枪是日本轻武器设计师有坂成章设计的一款卡宾枪型号,不仅装备骑兵,也装备伞兵。四四式步骑枪采用旋转后拉式枪机设计,刺刀可进行折叠,使用刺刀时只需将其甩开并固定即可。四四式步骑枪的产量在 9 万余支。

步 枪　015

弹　　种：6.5毫米×50毫米有坂步枪弹
全枪长度：966毫米
枪管长度：482毫米
供弹方式：弹仓（5发）

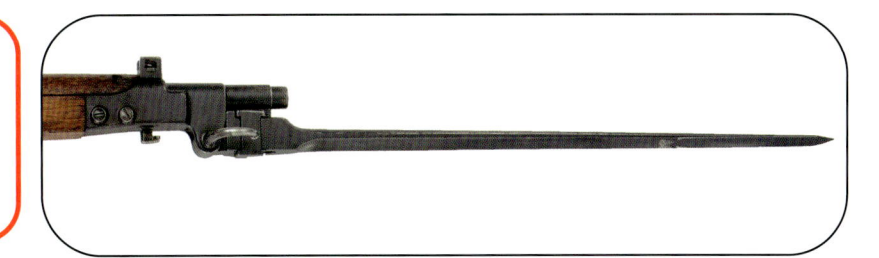

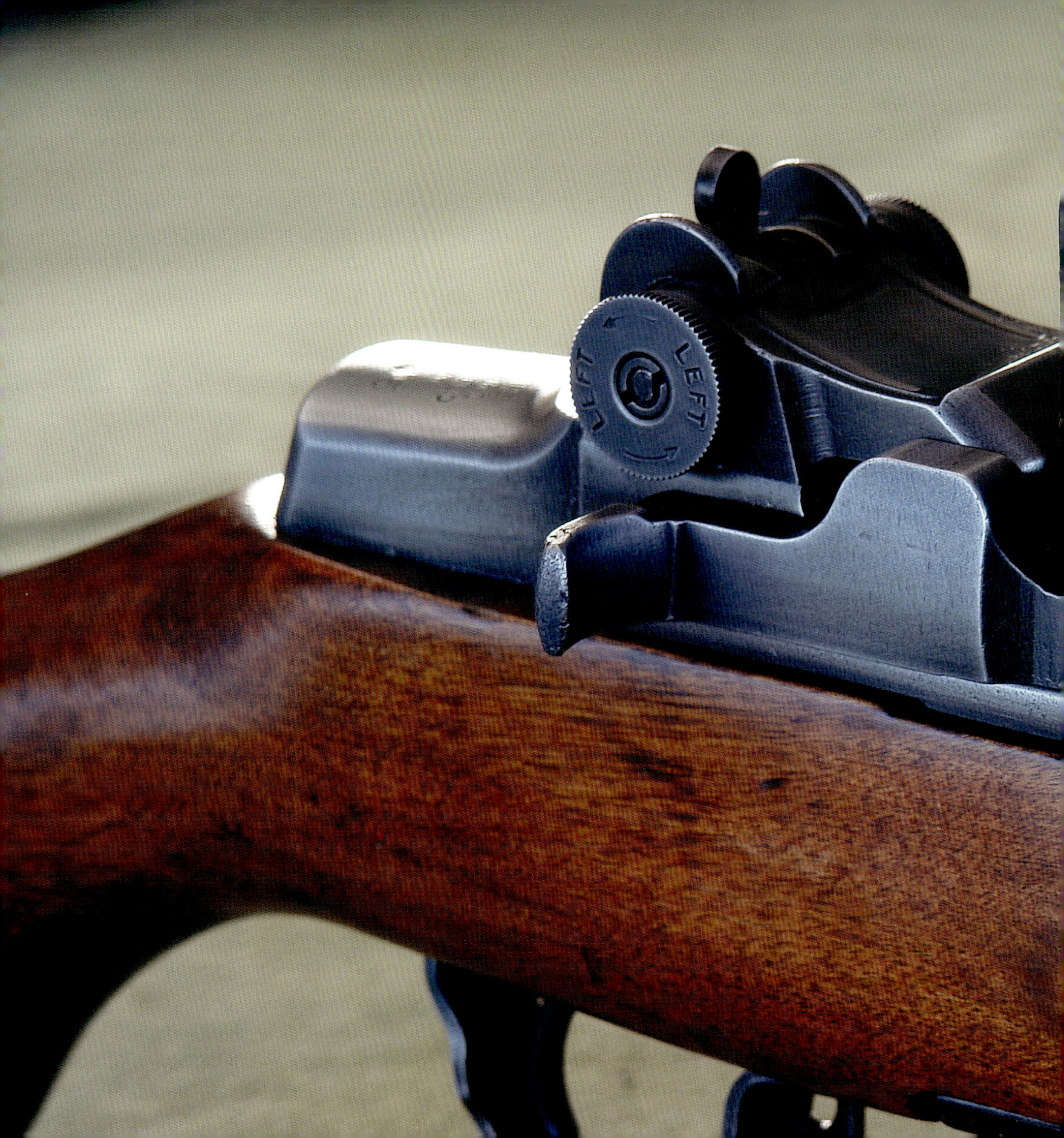
LEFT
LEFT

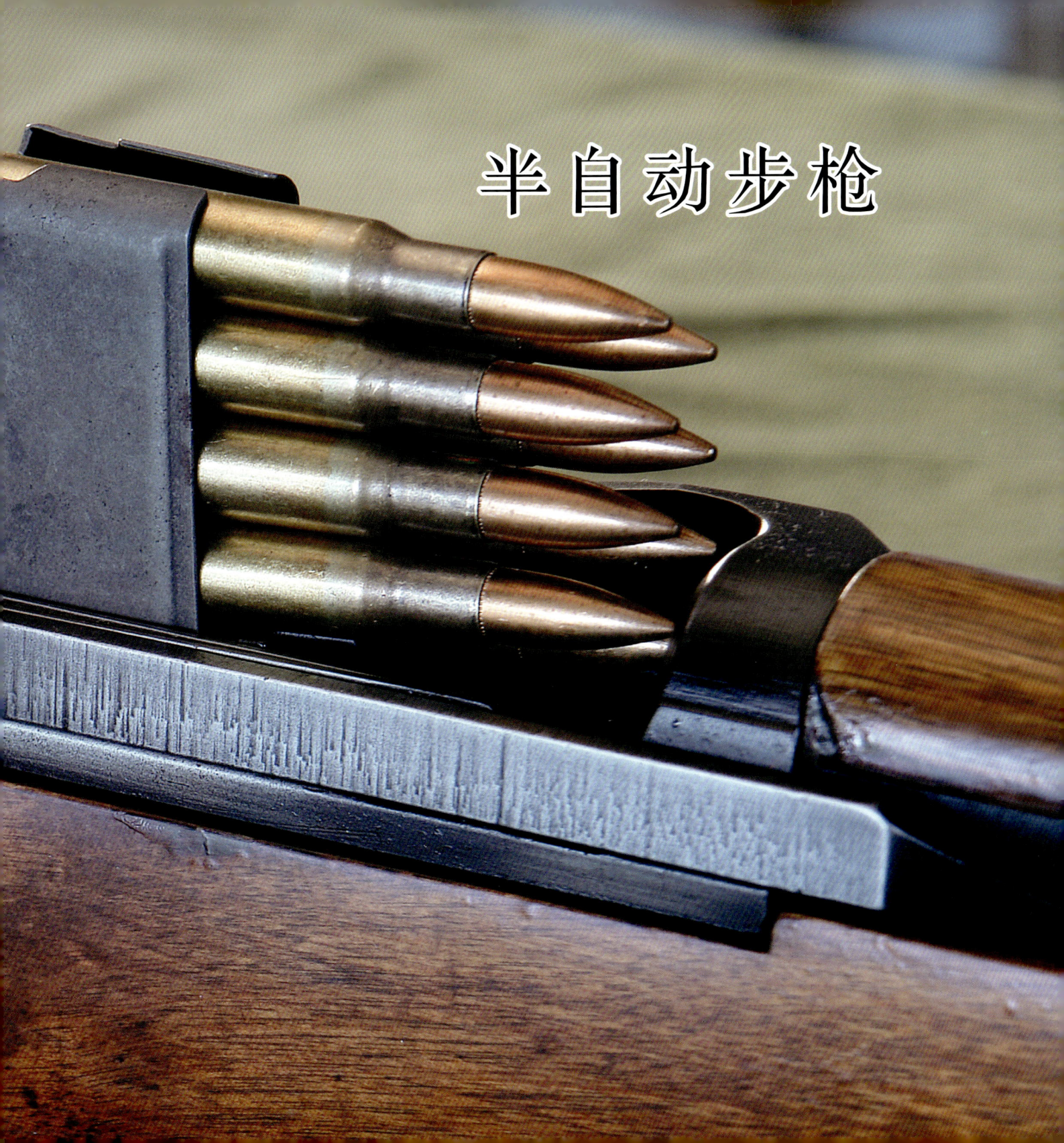

半自动步枪

M1 伽兰德步枪

M1 伽兰德步枪是美国枪械设计师约翰·伽兰德在 20 世纪 30 年代设计的一款半自动步枪型号。这款步枪在 1936 年定型，1937 年由美国春田兵工厂进行生产，是第二次世界大战期间美军士兵的主要制式步枪。M1 伽兰德步枪采用导气式自动工作原理，导气管位于枪管下方。射击时，M1 伽兰德步枪的初速为每秒 865 米。与同时期手动步枪相比，M1 伽兰德步枪有着压倒性的持续火力优势。

步 枪　　　019

弹　　种：	7.62毫米×63毫米步枪弹（.30-06步枪弹）
全枪长度：	1103毫米
空枪重量：	4.37千克
供弹方式：	弹仓（8发）
产　　地：	美国

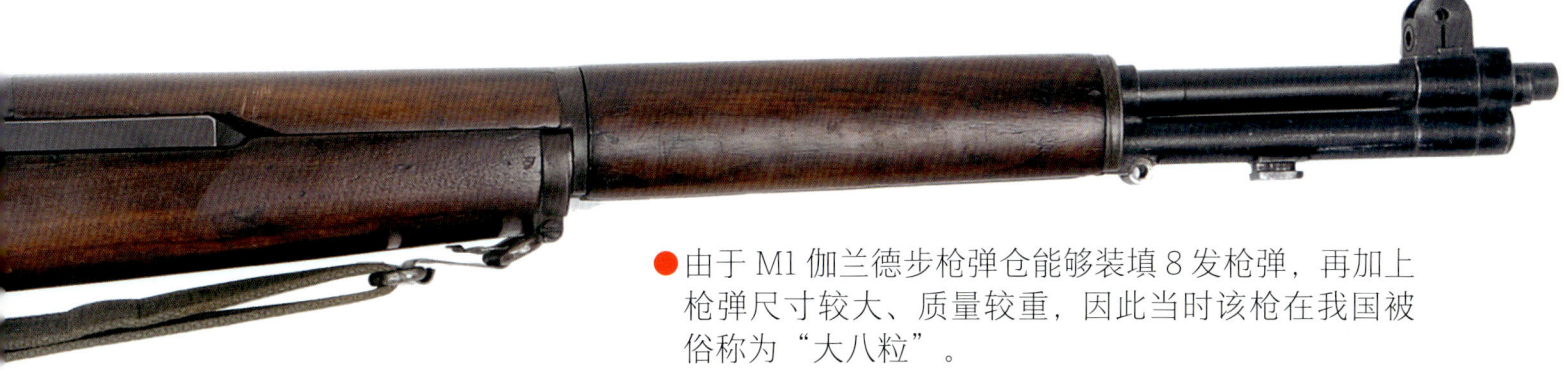

● 由于M1伽兰德步枪弹仓能够装填8发枪弹，再加上枪弹尺寸较大、质量较重，因此当时该枪在我国被俗称为"大八粒"。

SVT-40 步枪

SVT-40 半自动步枪是苏联枪械设计师在 SVT-38 半自动步枪的基础上改进而成的一款半自动步枪。SVT-40 半自动步枪采用短行程活塞导气式自动工作原理，主要装备苏军。SVT-40 半自动步枪设有空仓挂机机构，当弹匣中最后一颗枪弹击发后，枪机组会在抛壳后停留在后方，抛壳窗处于开启状态，以提醒射手换弹。射手可使用桥夹向弹匣内装弹，也可直接更换一个实弹匣。装弹完成后向后拉动拉机柄，即可使枪机组复进，完成推弹入膛并闭锁，使步枪进入待击状态。

弹　　种：	7.62 毫米 ×54 毫米全威力步枪弹
全枪长度：	1226 毫米
空枪重量：	3.9 千克
供弹方式：	弹匣（10 发）

步 枪　021

M1 卡宾枪

M1 卡宾枪于 1941 年定型，被美军采用作为制式卡宾枪，是一款美军为二线部队提供发射中等威力弹药的抵肩武器。M1 卡宾枪采用短行程活塞导气式自动工作原理，通过火药燃气推动导气活塞来完成自动行程。射击时，M1 卡宾枪的初速为每秒 600 米，其机械瞄具由准星和觇孔式照门组成。1942 年 3 月，应美国陆军空降部队的要求，M1A1 卡宾枪应运而生，与 M1 卡宾枪不同之处在于，这款卡宾枪使用了折叠枪托设计，更加适合空降作战。

步 枪

- M1卡宾枪的全自动型号被称为"M2卡宾枪"。M2卡宾枪在机匣左侧增设快慢机柄,可进行全自动发射,使用30发弹匣进行供弹（M1卡宾枪可用），类属于自动步枪。

弹　　种：	7.62毫米×33毫米卡宾枪弹
全枪长度：	905毫米
空枪重量：	2.5千克
供弹方式：	弹匣（15发）

G43 步枪

G43 半自动步枪是第二次世界大战中德军在 1943 年装备的半自动步枪型号。这款半自动步枪采用短行程活塞导气式自动工作原理，能够利用枪弹发射时的火药燃气，推动枪机组自动完成开锁、后坐、抽壳、抛壳、复进、推弹入膛、闭锁等动作。G43 半自动步枪机瞄具由准星和带有表尺的缺口式照门组成，也有一些 G43 半自动步枪装有瞄准镜，被德军作为狙击步枪使用。

弹　　种：7.92 毫米 ×57 毫米毛瑟步枪弹
全枪长度：1130 毫米
空枪重量：4.1 千克
供弹方式：弹匣（10 发）

步 枪　025

G43 步枪配用的表尺　　　　G43 步枪配用的瞄准镜

西蒙诺夫 SKS 步枪

西蒙诺夫SKS步枪是苏联枪械设计师谢尔盖·加夫里罗维奇·西蒙诺夫在1941开始设计的半自动步枪型号。这款步枪于1949年定型，成为苏军的制式步枪。西蒙诺夫SKS步枪采用短行程活塞导气式自动工作原理，枪机偏移式闭锁机构。西蒙诺夫SKS步枪的机械瞄具由圆柱形准星和带有表尺的缺口式照门组成，最小表尺射程100米，最大表尺射程1000米。

弹　　种：7.62毫米×39毫米 M43中间威力弹
全枪长度：1022毫米
空枪重量：3.86千克
供弹方式：弹仓（10发）

步 枪 027

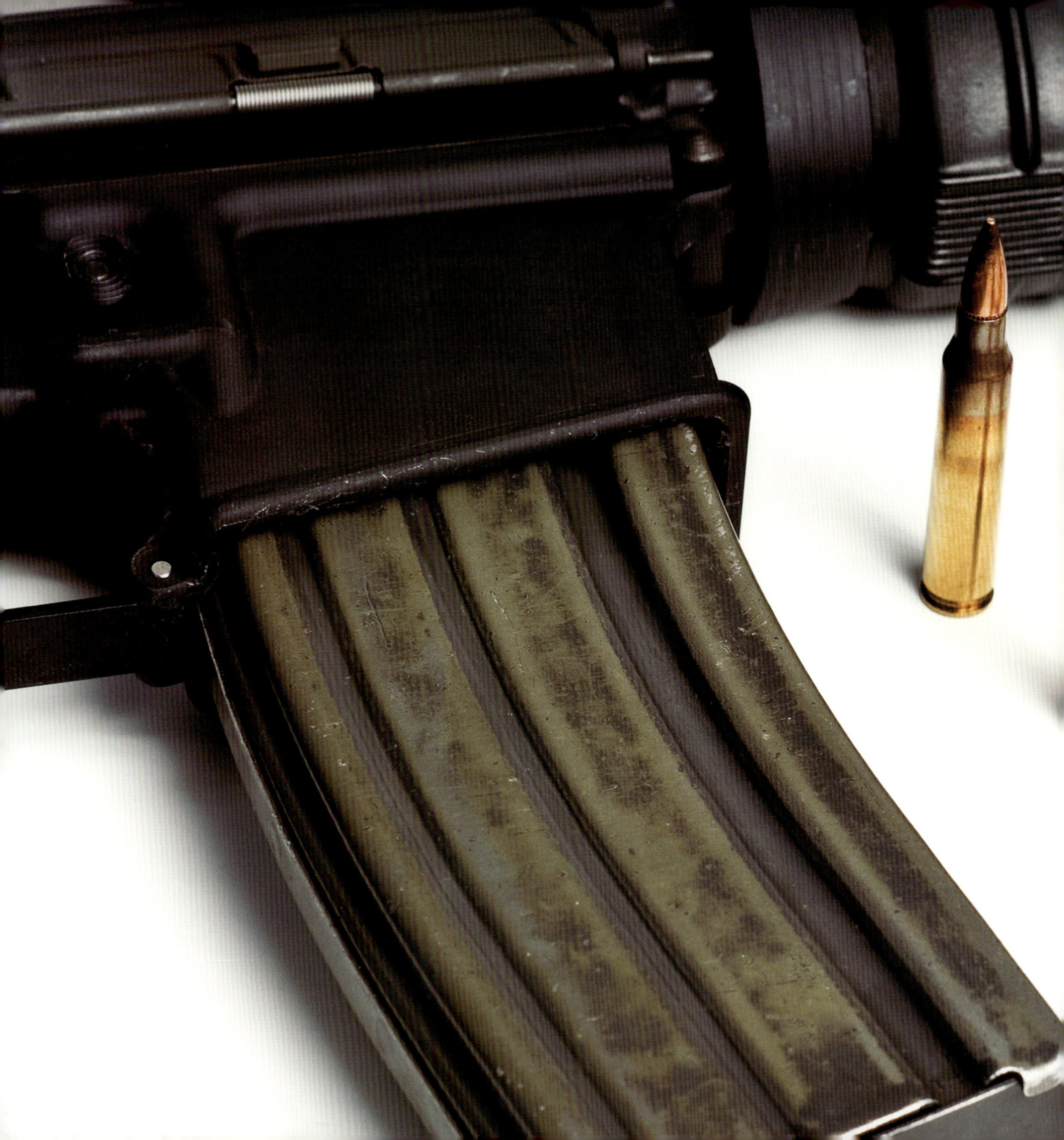

自动步枪

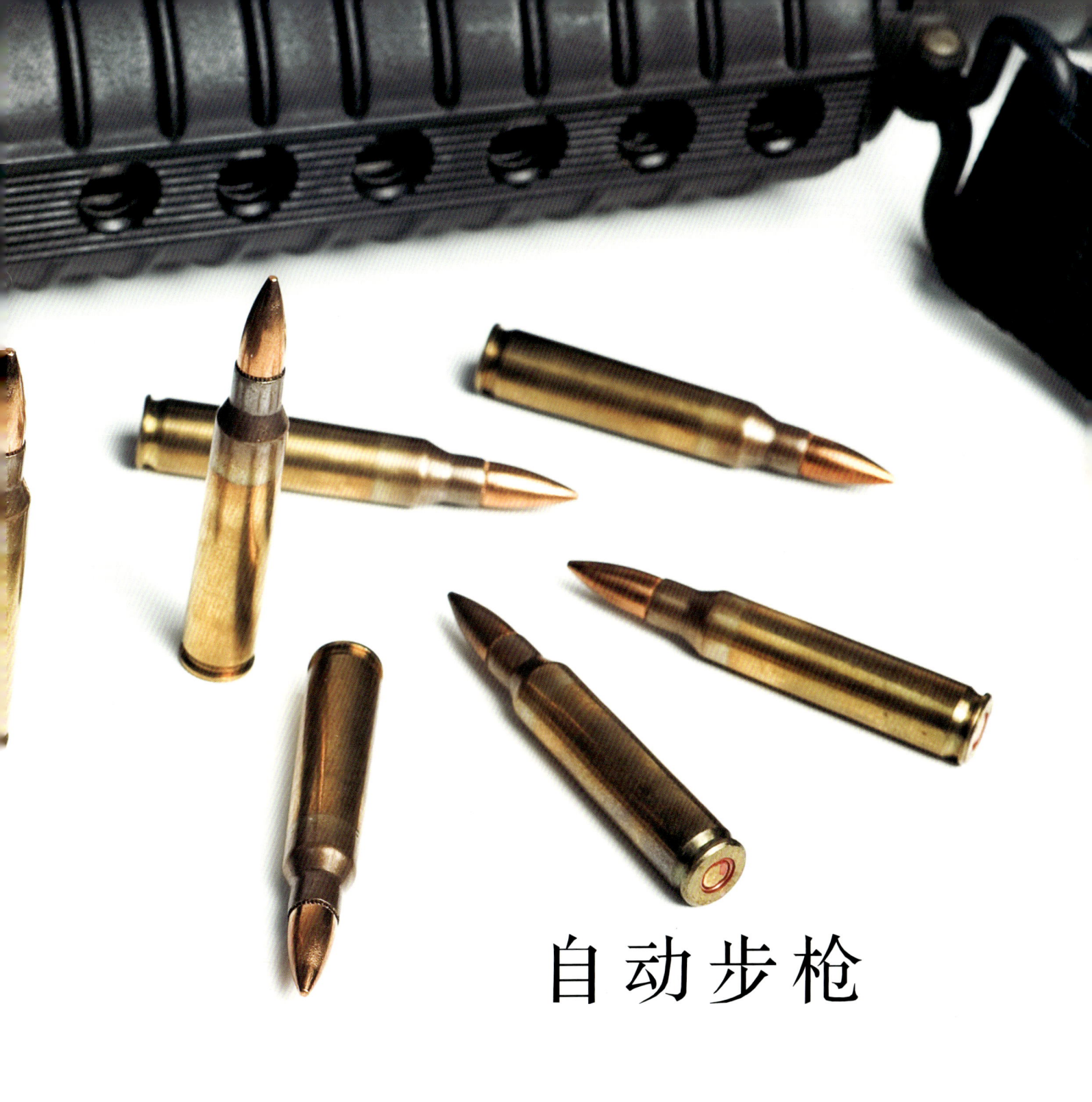

勃朗宁 M1918A2 自动步枪

勃朗宁 M1918A2 自动步枪是在勃朗宁 M1918 自动步枪的基础上改进而成，M1918 自动步枪是约翰·摩西·勃朗宁在 1917 年设计的自动步枪型号。勃朗宁 M1918A2 自动步枪采用长行程活塞导气式自动工作原理，枪机偏移式闭锁机构，以及开膛待击式结构设计。勃朗宁 M1918A2 自动步枪主要被美军步兵班组当作轻机枪使用，因此设有两脚架，为射手提供有依托射击。

步 枪

● 在二战中，美军士兵发现安装20发弹匣的M1918系列自动步枪总是存在火力持续性欠佳的情况，往往几个短点射就能够打空一个弹匣。

弹　　种：	7.62毫米×63毫米步枪弹
全枪长度：	1219毫米
空枪重量：	7.2千克
供弹方式：	弹匣（20发）
产　　地：	美国

STG44 突击步枪

STG44 突击步枪是德军在第二次世界大战末期装备使用的一款突击步枪型号。这款突击步枪采用活塞导气式自动工作原理，可通过枪弹击发后产生的火药燃气完成自动行程并进行连发射击。STG44 突击步枪主要通过机械瞄具进行瞄准，机械瞄具由准星和带有表尺的缺口式照门组成，最小表尺射程 100 米，最大表尺射程 800 米。

步 枪　033

● 突击步枪即发射中间威力弹的全自动步枪，中间威力弹在全威力弹的基础上减少装药并使用短弹壳，射击时易操控。

弹　　种：7.92毫米×33毫米步枪短弹
全枪长度：940毫米
空枪重量：5.1千克
供弹方式：弹匣（30发）
产　　地：德国

AK-47 突击步枪

1946年，苏联轻武器设计师米哈伊尔·季莫费耶维奇·卡拉什尼科夫设计出一款突击步枪，被命名为"AK-46"。1949年，卡拉什尼科夫设计的突击步枪最终定型，被命名为"AK-47"。AK-47突击步枪采用长行程活塞导气式自动工作原理，枪机回转式闭锁机构，以及击锤回转式击发机构。这款突击步枪共两种发射模式，分别为全自动与半自动，射手可通过机匣右侧的大拨片调节快慢机。

伞兵型AKS-47突击步枪

步 枪

弹　　种：	7.62 毫米 ×39 毫米 M43 中间威力步枪弹
全枪长度：	880 毫米
空枪重量：	3.8 千克
供弹方式：	弹匣（30 发）
产　　地：	苏联

● AK-47 突击步枪结构简单，可靠性强，非常适合大规模生产及装备，因此在世界各地都能看到这款突击步枪的"身影"。由于应用广泛，AK-47 系列突击步枪与 M16 系列突击步枪并称世界两大枪族。

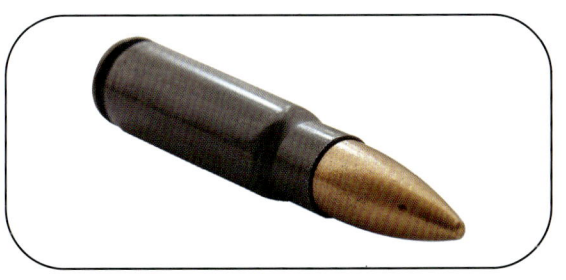

7.62 毫米 ×39 毫米 M43 中间威力步枪弹

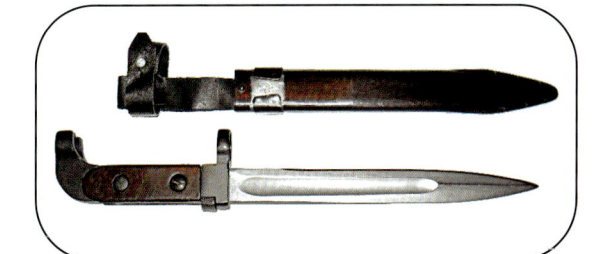

AK-47 突击步枪配用的刺刀

AKM 突击步枪

AKM 突击步枪是卡拉什尼科夫在 1953 年至 1954 年期间以 AK-47 突击步枪为基础改进而成的步枪型号。1959 年 AKM 突击步枪被苏军采用并大规模装备。与 AK-47 突击步枪相比，AKM 突击步枪采用冲压机匣设计，有效降低了生产成本，提高了生产效率。对于 AK-47 突击步枪在射击时枪口上跳严重的问题，AKM 突击步枪的枪口增设了一个斜切形补偿器，在射击时通过向枪口右上方喷射火药燃气形成反冲击力，以抵消射击时的枪口上跳。同时，在护木上增设手指槽，使射手控枪更为容易。

步 枪

弹　　种： 7.62毫米×39毫米 M43中间威力步枪弹
全枪长度： 880毫米
空枪重量： 3.1千克
供弹方式： 弹匣（30发）
产　　地： 苏联

伞兵型AKMS突击步枪

拆掉枪口补偿器的AKMS突击步枪

Vz.58 突击步枪

Vz.58 突击步枪是捷克斯洛伐克轻武器设计师伊日·塞马克从 1956 年 1 月开始研制的突击步枪型号，于 1958 年定型，因此命名为"Samopal vzor 1958"，广泛装备捷克斯洛伐克军队。Vz.58 突击步枪采用短行程活塞导气式自动工作原理，卡铁摆动式闭锁机构，导气管位于枪管上方。Vz.58 突击步枪的机械瞄具由准星和缺口式照门组成，照门与表尺板为一体式设计，最小表尺射程 100 米，最大表尺射程 800 米。

弹　　种：	7.62 毫米 ×39 毫米 M43 中间威力步枪弹
全枪长度：	845 毫米
空枪重量：	3.1 千克
供弹方式：	弹匣（30 发）
产　　地：	捷克斯洛伐克

步 枪　039

AR-10 自动步枪

AR-10 自动步枪是美国枪械设计师尤金·斯通纳设计，阿玛莱特公司生产的一款发射全威力弹的战斗步枪型号。这款自动步枪采用直接导气式自动工作原理。直接导气式自动工作原理也称"气吹式工作原理"，火药燃气直接通过导气管作用于枪机组，无导气活塞。AR-10 自动步枪有着相当不错的人机工效，这为之后 AR-15 突击步枪风靡至今打下了基础。该枪具有空仓挂机功能且有空仓挂机解脱钮，兼作手动保险功能的快慢机位于握把上方，使射手容易触碰等优点。

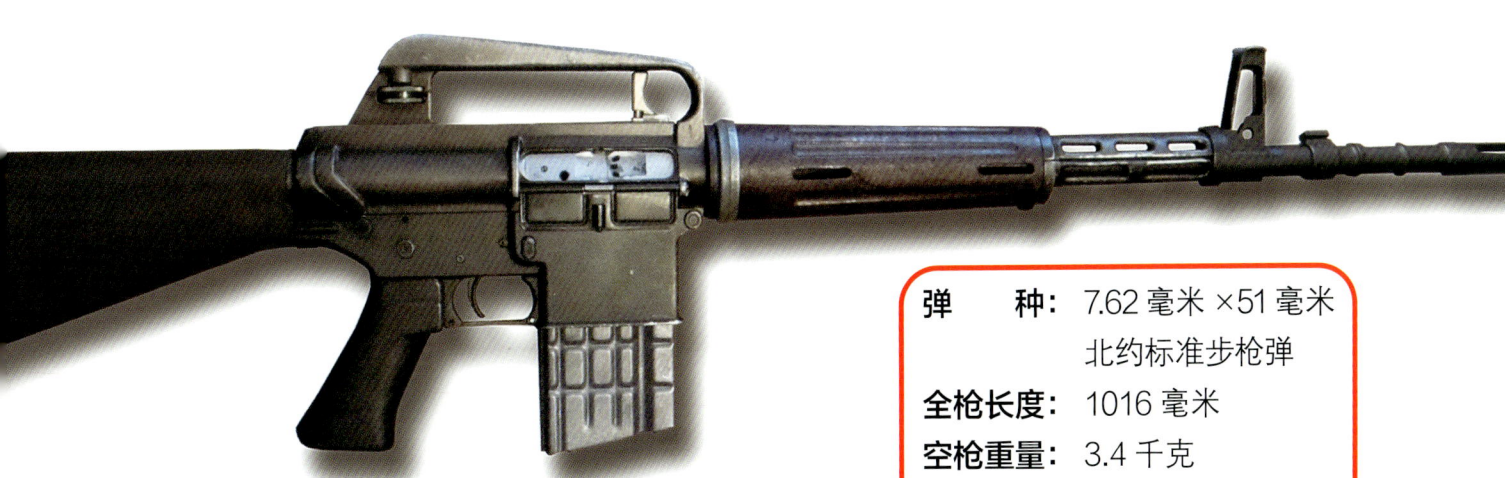

步 枪 **041**

弹　　种：	7.62毫米×51毫米北约标准步枪弹
全枪长度：	1016毫米
空枪重量：	3.4千克
供弹方式：	弹匣（20发）
产　　地：	美国

M14 自动步枪

M14 自动步枪由美国春田兵工厂生产,可以看作是 M1 伽兰德步枪的自动改进型号。这款步枪于 1957 年定型,并装备美国军队。M14 自动步枪采用短行程活塞导气式自动工作原理,枪机回转式闭锁机构。同时,M14 自动步枪的手动保险位于扳机护圈前方,从外观上看是一个带有圆孔的方形金属片,将这一装置向扳机的方向压动即可将保险锁定,前推则可以将保险解除,此时扣动扳机即可进行正常射击。

● 越南战争中,发射全威力弹的 M14 自动步枪在越南丛林中面对发射中间威力弹的 AK-47 突击步枪吃了瘪,主要原因在于全威力弹强大的后坐力并不适合进行近距离作战。

步 枪

弹　　种：	7.62 毫米 ×51 毫米北约标准步枪弹
全枪长度：	1117 毫米
空枪重量：	3.88 千克
供弹方式：	弹匣（20 发）
产　　地：	美国

HK G3A3 自动步枪

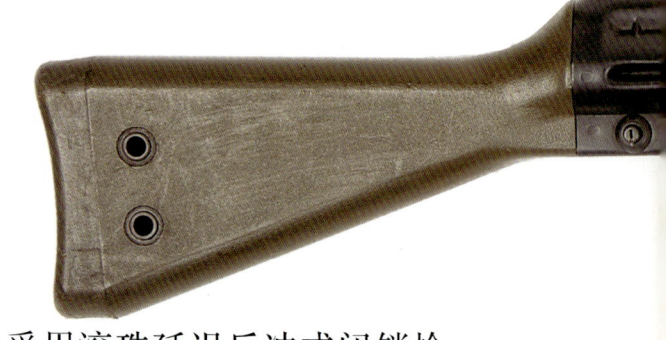

HK G3 系列自动步枪是德国黑克勒－科赫（HK）公司生产的一系列发射全威力步枪弹的战斗步枪型号，其中 HK G3A3 是这一系列步枪中的固定枪托型号。该枪早期型号护木材质为金属，后期改为聚合物材料，因此重量有所降低。HK G3A3 自动步枪采用滚珠延迟反冲式闭锁枪机设计，是一款具有"德国特点"的自动武器。作为一款发射全威力弹的步枪，HK G3A3 自动步枪在进行全自动模式射击时后坐力较大，控枪不易。

FN FAL 自动步枪

FN FAL 自动步枪是比利时轻武器设计师迪厄多内·赛弗在 20 世纪 50 年代初设计的一款发射全威力步枪弹的战斗步枪型号。这款步枪采用短行程活塞导气式自动工作原理，活塞筒的前端位于导气箍内，与气体调节器相连。FN FAL 自动步枪的机械瞄具由准星和觇孔式照门组成，使用方便且操作可靠。

步 枪　045

弹　　种：	7.62毫米×51毫米北约标准步枪弹
全枪长度：	1025毫米
空枪重量：	4.4千克
供弹方式：	弹匣（20发）
产　　地：	德国

英制L1A1步枪

- L1A1步枪即FN FAL自动步枪的英制型号，与FAL自动步枪最大的区别在于，L1A1步枪取消了全自动射击模式，只能进行单发的半自动射击，同时取消步枪的空仓挂机功能，使步枪的人机工效有所降低。

弹　　种：	7.62毫米×51毫米北约标准步枪弹
全枪长度：	1090毫米
空枪重量：	4.25千克
供弹方式：	弹匣（30发）
产　　地：	比利时

AR-15 突击步枪

AR-15 突击步枪是美国阿玛莱特公司轻武器设计师尤金·斯通纳在 1957 年设计的突击步枪型号。这款突击步枪采用直接导气式自动原理（俗称"气吹式自动原理"），枪机回转式闭锁机构。1960 年，AR-15 突击步枪在美国得克萨斯州的空军基地进行试验，到了 1964 年美军决定正式装备 AR-15 突击步枪，并将其命名为"M16 突击步枪"。

弹　　种：5.56 毫米 ×45 毫米 M193 步枪弹
全枪长度：991 毫米
空枪重量：2.89 千克
供弹方式：弹匣（30 发）
产　　地：美国

步 枪

● AR-15 突击步枪是第一款发射 5.56 毫米步枪弹的小口径步枪，并具备全自动与半自动射击模式，因此这款步枪被定义为"开创了步枪小口径化先河的步枪"，影响深远。

早期 AR-15/M16 突击步枪

● 直接导气式自动原理又称"气吹式自动原理"，子弹被击发后，产生的火药燃气直接进入导气管，并推动枪机后坐以完成自动循环。其优点在于减少了枪支的零件数量，但由于需要足够的气体压力，因此导气管通常直径较小，如果子弹发射药品质不佳的话，很容易造成导气管或枪机积碳，导致枪机无法正常运作。

M16 系列突击步枪

脱胎于 AR-15 突击步枪的 M16 系列突击步枪作为世界两大突击步枪族之一，已在美军中服役半个世纪之久。其中，M16 突击步枪是此系列步枪的第一个型号，由于在越南战场上暴露出可靠性不足的问题，柯尔特公司推出了 M16A1 突击步枪，这两个型号步枪都可进行半自动与全自动射击。

弹　　种：5.56 毫米 ×45 毫米 M193 步枪弹
全枪长度：1006 毫米
空枪重量：3.18 千克（含空弹匣）
供弹方式：弹匣（20 发、30 发）
产　　地：美国

步 枪　049

- XM16E1 突击步枪，该型号最终改为 M16A1 突击步枪。

- 1979 年，北约组织采用比利时 5.56 毫米 SS109 步枪弹作为北约标准步枪弹，美国随即根据新型步枪弹推出 M16A2 突击步枪，M16A2 突击步枪将全自动发射模式改为三发点射模式，并将三角形护木改为圆柱形护木。

M16A2 突击步枪

M16A3 突击步枪

M16A3 突击步枪主要装备美国海军，采用圆柱形护木与可拆卸提把设计。由于使用了 M16A1 突击步枪的枪机组，因此具备全自动射击功能，快慢机具有保险、半自动射击、全自动射击模式。

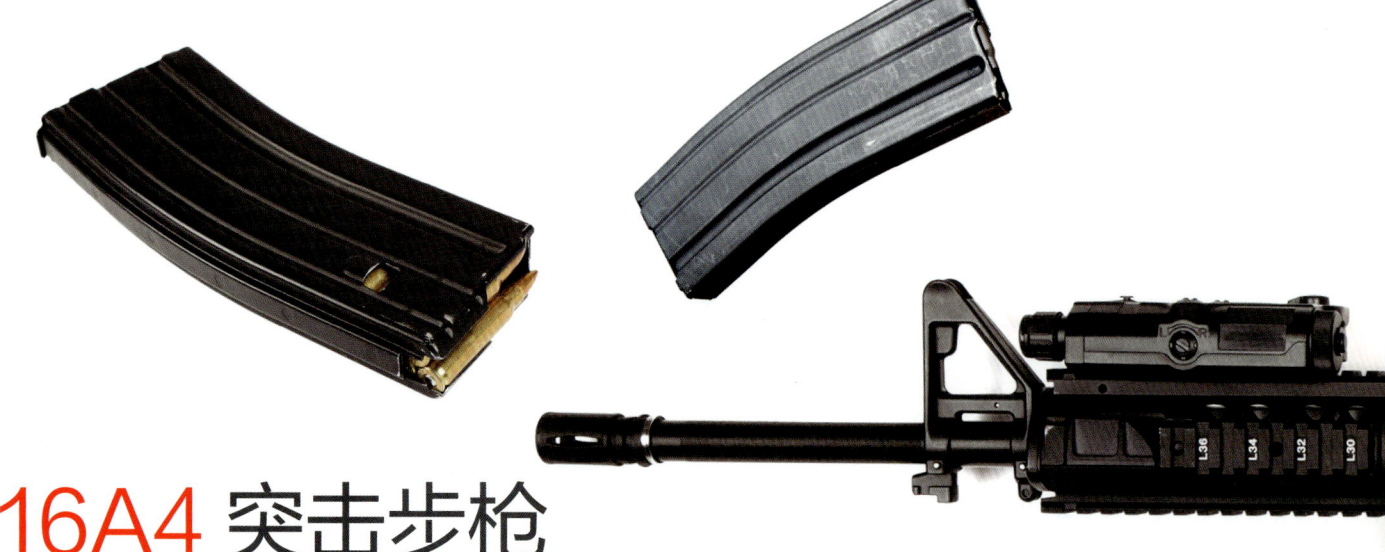

M16A4 突击步枪

M16A4 突击步枪为 M16A2 突击步枪的平顶机匣与导轨护木的改进型号，提把可拆卸，护木为四面皮卡汀尼导轨。M16A4 突击步枪只有三发点射与半自动射击模式，主要装备美国海军陆战队。如今该枪已基本被 M27 自动步枪（M27 IAR，HK416 突击步枪 419.1 毫米枪管型）替代。

步 枪

AK-74 突击步枪

AK-74 突击步枪是苏联轻武器设计师卡拉什尼科夫设计的一款小口径突击步枪型号。这款步枪于 1974 年定型，主要装备苏军。AK-74 突击步枪采用长行程活塞导气式自动工作原理，枪机回转式闭锁机构，枪口装有制退器，可有效降低射击时产生的枪口上跳。AK-74 突击步枪的机械瞄具由准星和带有表尺的缺口式照门组成，最大表尺射程 1000 米。

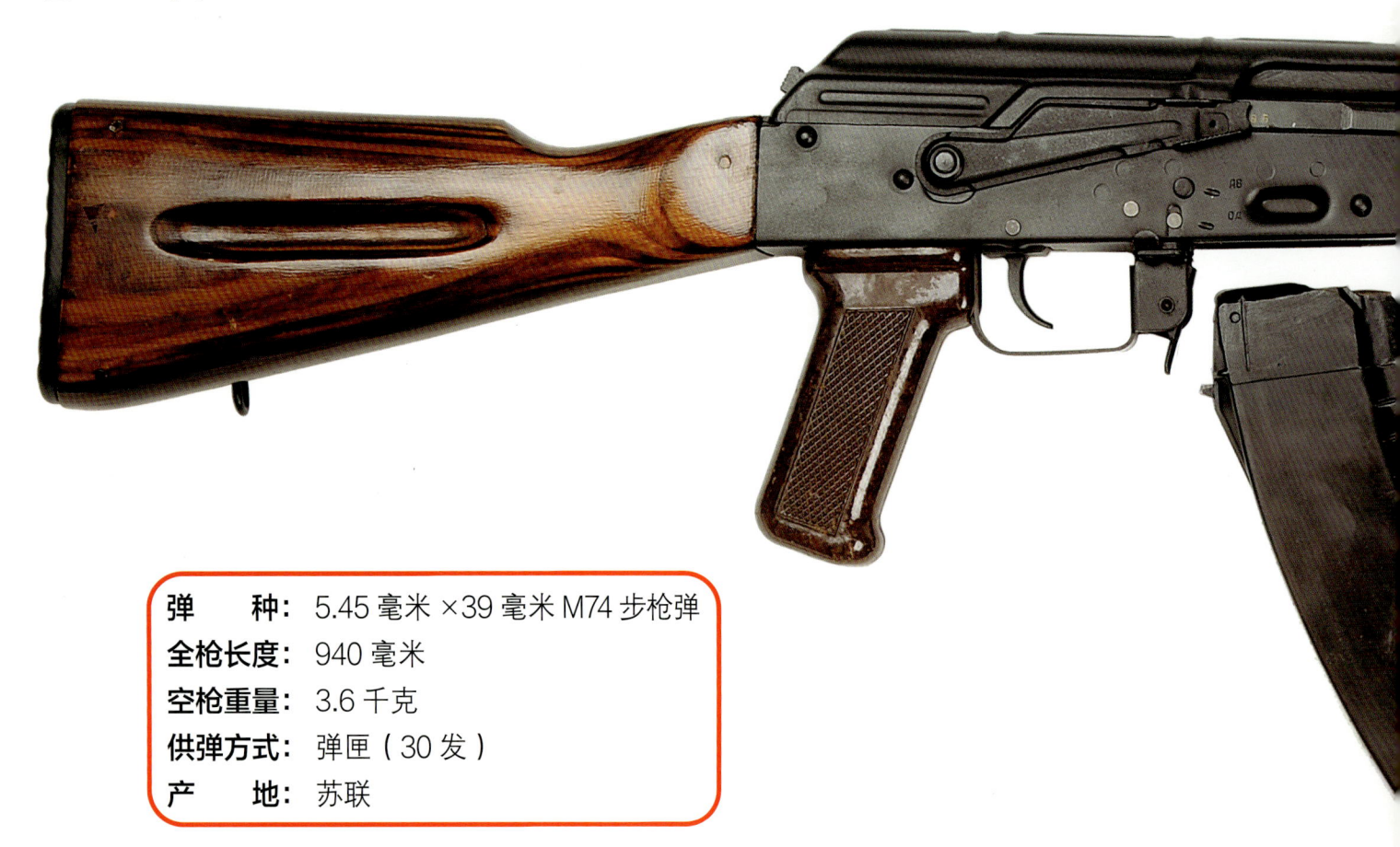

弹　　种：	5.45 毫米 ×39 毫米 M74 步枪弹
全枪长度：	940 毫米
空枪重量：	3.6 千克
供弹方式：	弹匣（30 发）
产　　地：	苏联

步 枪　053

AKS-74 突击步枪

AKS-74 突击步枪主要装备苏军空降部队，主要改动为将固定枪托改为折叠枪托。

AK-74M 突击步枪

AK-74M 突击步枪于 1987 年开始研制，1991 年定型，是 AK-74 突击步枪的现代改进型号。AK-74M 突击步枪采用新型玻璃纤维护木与折叠枪托设计，这种接近暗黑色的色调比木质纹路更具有现代感。

AKS-74U 短枪管型突击步枪

AKS-74U 短枪管型突击步枪是 AK-74 系列步枪中最短的型号，枪托可折叠，枪托折叠时全枪长 480 毫米。枪托展开时全枪长 720 毫米。

056 世界轻武器 World Small Arms

AK-74M 突击步枪特写

●AK 系列突击步枪的瞄准镜座多数固定在机匣左侧再延伸至上方,不与机匣顶端直接接触。另外一种安装方式就是将步枪的护木换为一些军火公司推出的鱼骨护木,然后将红点反射式、全息衍射式等光学瞄具安装于护木顶端的导轨上。这种改装方式较为简单,因此应用普遍。

HK33 突击步枪

美军装备 M16 突击步枪后,德国黑克勒-科赫(HK)公司也开始了小口径步枪的研究,而 HK33 突击步枪便是以 G3 自动步枪为基础研制的小口径突击步枪型号。HK33 突击步枪的机械瞄具由准星和转鼓式照门组成,转鼓式照门可通过旋转来装定不同的照门射程,共有 100 米、200 米、300 米以及 400 米四种照门射程可选。

步 枪

弹　　种：5.56毫米×45毫米步枪弹
全枪长度：919毫米
空枪重量：3.81千克
供弹方式：弹匣（25发、30发、40发）
产　　地：德国

AUG 突击步枪

AUG 突击步枪是奥地利斯太尔-曼利夏公司在 20 世纪 60 年代后期开始研制的一款突击步枪型号。这款突击步枪采用无托式结构设计，枪托即机匣，整体紧凑。AUG 突击步枪采用短行程活塞导气式自动工作原理，导气活塞位于枪管上的连接套内。AUG 突击步枪的基础型号为 AUG-A1 突击步枪，之后斯太尔-曼利夏公司又推出了 AUG-A2 突击步枪与 AUG-A3 突击步枪，主要装备奥地利军队，澳大利亚军队也大规模装备了 AUG 系列突击步枪。

步 枪

弹　　种：	5.56毫米×45毫米北约标准步枪弹
全枪长度：	790毫米
空枪重量：	3.6千克
供弹方式：	弹匣（30发）
产　　地：	奥地利

FAMAS 突击步枪

FAMAS突击步枪是法国轻武器设计师保罗·泰尔在1967年设计的突击步枪型号,由圣·艾蒂安兵工厂进行生产。这款步枪于1978年被法国军队装备。FAMAS突击步枪采用半自由枪机式自动工作原理,内部无导气装置,因此内部结构较为简单,维护方便。同时,FAMAS是一款无托式布步枪,能够在保证枪管长度的同时,最大程度缩短枪支整体长度,因此无托步枪通常有着便于携带、机动且射击精度高等优点。当然,有利也有弊,过于紧凑的布局也造成了多数无托步枪人机工效不够理想的问题。

步 枪 **063**

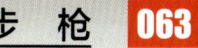

弹　　种：	5.56毫米×45毫米北约标准步枪弹
全枪长度：	757毫米
空枪重量：	3.61千克
供弹方式：	弹匣（25发）
产　　地：	法国

L85A1 突击步枪

L85A1 是英国 SA80 枪族中的突击步枪型号。这款步枪采用导气式自动工作原理，枪机回转式闭锁机构，以及无托式设计。1985 年 10 月，英军正式装备 L85A1 突击步枪，但领到新枪的英军士兵却发现这款新型武器问题多多，比如弹匣卡榫不牢，弹匣容易脱落，潮湿环境中瞄准镜模糊不清以及更为严重的供弹故障与可靠性差等问题。

步 枪

弹　　种：	5.56毫米×45毫米北约标准步枪弹
全枪长度：	785毫米
空枪重量：	3.8千克
供弹方式：	弹匣（30发）
产　　地：	英国

SG550 突击步枪

SG550 突击步枪是瑞士西格公司设计生产的一款小口径突击步枪型号。这款突击步枪采用长行程活塞导气式自动工作原理，活塞杆与枪机框相连，气体调节器位于导气装置前方，射手可调节导气量的大小来适应不同作战环境，或关闭导气孔以发射枪榴弹。SG550 突击步枪的弹匣采用前钩后挂式设计，这样的弹匣与机匣的连接方式与 AK 系列步枪类似，因此 SG550 突击步枪无法使用北约标准弹匣进行供弹。

步 枪

弹　　种： 5.56毫米×45毫米北约标准步枪弹
全枪长度： 998毫米
空枪重量： 4.1千克
供弹方式： 弹匣（20发、30发）
产　　地： 瑞士

AN-94 突击步枪

由于在战场上 AK-74 突击步枪出现了精度不足的缺陷，因此，苏联军方开启了一项名为"阿巴甘"的新一代突击步枪研制计划。经过多次对比试验，在 1994 年俄罗斯军方选中了伊兹马什公司设计的 ASN 步枪，并正式定型为"AN-94 突击步枪"。

弹　　种：	5.45 毫米 ×39 毫米 M74 步枪弹
全枪长度：	943 毫米
空枪重量：	3.85 千克
供弹方式：	弹匣（30 发）

● AN-94 突击步枪所采用的枪口制退器从外形上看像是阿拉伯数字"8"，其内部有两个空腔，并带有自清洁的功能，在不使用时可以从枪口拆下。

步 枪

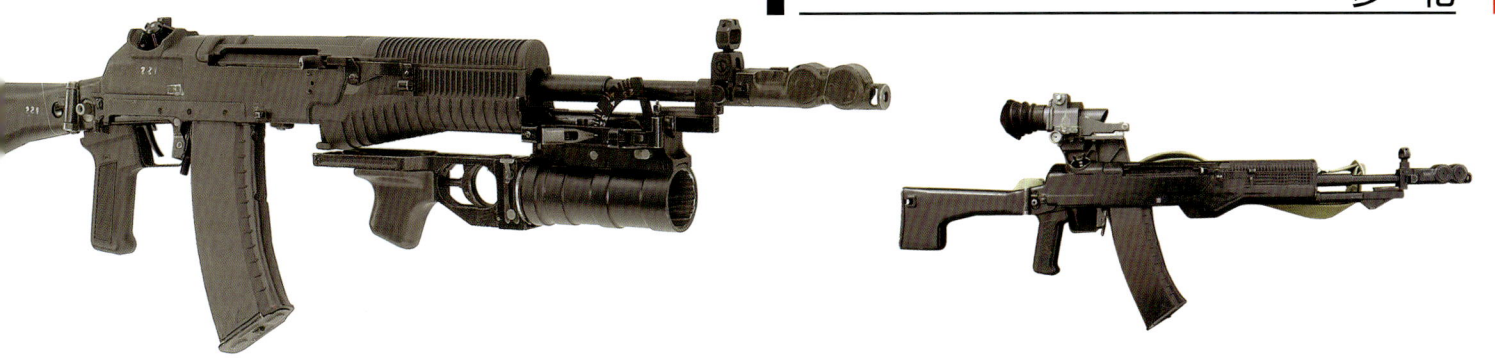

- AN-94突击步枪的最大优点是两发点射精度非常高，这是由于该枪采用"改变后坐冲量的枪机后坐系统"，该系统全称"Blowback Shifted Pulse"，缩写"BBSP"。而这一系统则是利用高射速进行两发点射，使枪机在实现两次射击循环、完成两发高射速点射后才后坐到位，以避免步枪射击所产生的后坐力对精度造成影响。

- AN-94突击步枪采用枪托折叠式设计，不同于AK系列步枪向机匣左侧折叠枪托、AN-94突击步枪向机匣右侧折叠枪托，这样的设计可以使射手打开枪托的速度更快。

- AN-94突击步枪的机械式瞄具由准星和觇孔式照门组成，与AK系列步枪的机瞄有着明显差异。

AN-94 突击步枪的使用情况

AN-94 突击步枪在两发点射模式下有着出色的射击精度，甚至一些训练有素的射手可以使用这款枪的两发点射在 100 米靶打出一个孔。不过这样的精度并不是所有士兵的需求，对于步兵而言，这款枪的两发点射可能并没有多大的帮助，因为突击步枪的意义在于火力压制。因此，从突击步枪的职能来看，AN-94 突击步枪不能全方位优于 AK-74 突击步枪。而对于特种部队来说，他们确实可以将 AN-94 突击步枪的精度优势发挥得淋漓尽致。但在现代战争中，精确射击的任务已越来越多地靠狙击步枪或精确射手步枪来完成，因此 AN-94 突击步枪的地位略显尴尬。

● AN-94 突击步枪只少量装备俄罗斯联邦警察、俄军以及内务部特种部队。即使是俄军的特战单位，装备数量最多的步枪仍然是 AK-74 系列步枪。

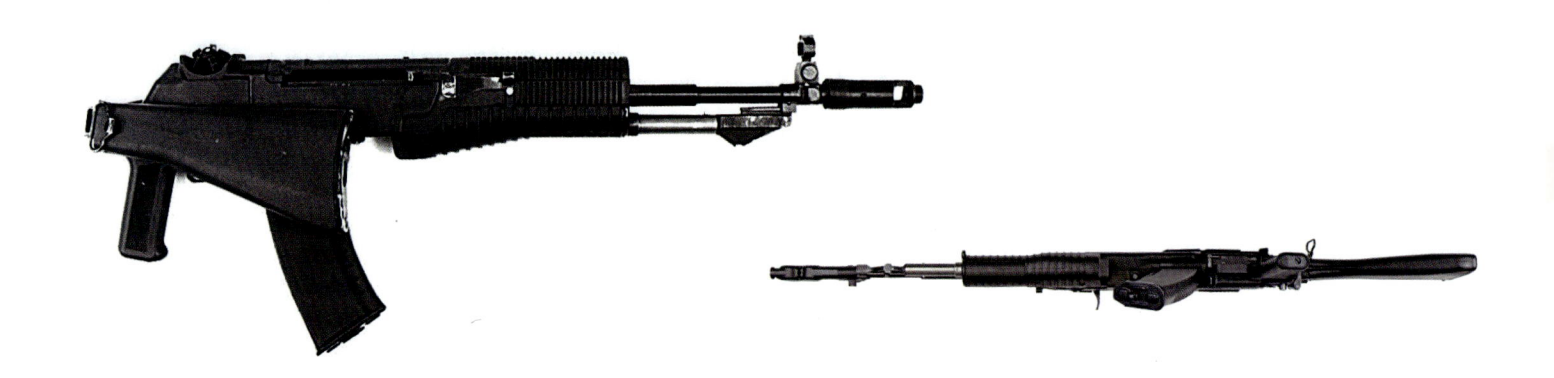

步 枪 071

● 除此之外，AN-94突击步枪的人机工效也存在着很大的问题。例如快慢机与保险分开，并且形状和尺寸设计都不太理想。此外，由于弹匣向枪身右侧倾斜了15°，这也让一些习惯左手换弹匣的俄军士兵感觉很不习惯（无法快速换弹），再加上一些人欣赏不了AN-94突击步枪这种另类的外形，因此，自1994年俄军宣布采用这款步枪至今已30年，但始终没有大量装备。

HK G36K 突击步枪

G36突击步枪是德国黑克勒-科赫公司在1995年推出的一系列突击步枪型号，而HK G36K突击步枪则是G36突击步枪的短管突击步枪型号，主要装备机械化步兵及特种部队。HK G36K突击步枪采用短行程活塞导气式自动工作原理，枪机回转式闭锁机构，有着不错的可靠性与射击精度。

步 枪 **073**

弹　　种：	5.56毫米×45毫米北约标准步枪弹
全枪长度：	860毫米
空枪重量：	3.3千克
供弹方式：	弹匣（30发）
产　　地：	德国

HK G36C 短管突击步枪

HK G36C 短管突击步枪是整个 G36 系列突击步枪中长度最短的型号，主要为室内近距离作战（CQB）而研制。HK G36C 短管突击步枪全枪长 720 毫米，枪管长 228 毫米，空枪质量 2.8 千克。可以说，"轻"与"短"就是该型号步枪的主要特点。

步 枪　075

LR-300 突击步枪

LR-300 突击步枪是美国 Z-M 武器公司在 AR-15 突击步枪的基础上设计的突击步枪型号。这款步枪采用延迟冲击导气系统设计，火药燃气不会进入机匣内部，因此较 AR-15 突击步枪有着更好的可靠性。同时，LR-300 突击步枪采用折叠枪托设计，复进簧位于机匣内，与 AR-15 突击步枪的复进簧位于枪托的结构布局并不一样。折叠枪托设计方便射手在狭窄地形或车内携带和使用，因此比较适合机械化步兵、空降兵及特警装备。

弹　　种：	5.56 毫米 ×45 毫米北约标准步枪弹
全枪长度：	787 毫米（枪托展开） 546 毫米（枪托折叠）
空枪重量：	3.1 千克
供弹方式：	弹匣（30 发）
产　　地：	美国

步 枪　077

●Z-M武器公司最初提供的LR-300突击步枪只有两个型号,分别为军警型LR-300M/L（Military / Law）和运动射击型LR-300SRF（Sport Rifle）。LR-300M/L型拥有半自动/全自动射击模式和纯半自动射击模式两种型号,而LR-300SRF型只有半自动射击模式。

AK-105 突击步枪

AK-105 突击步枪是俄罗斯伊热夫斯克机械制造厂在 21 世纪初研制的一款突击步枪型号。这款步枪采用长行程活塞导气式自动工作原理,枪机回转式闭锁机构,枪管长度为 314 毫米,比 AK-74 突击步枪要短,因此更加适合作为装备特种部队的近距离作战武器。在使用中,AK-105 突击步枪的可感后坐力与 AK-74M 突击步枪基本相当,射击时枪口初速为每秒 840 米。

步 枪

口　　径：	5.45 毫米 ×39 毫米 M74 步枪弹
全枪长度：	824 毫米（枪托展开）
	586 毫米（枪托折叠）
空枪重量：	3 千克
供弹方式：	弹匣（30 发）
产　　地：	俄罗斯

M4A1 卡宾枪

弹　　种：	5.56毫米×45毫米北约标准步枪弹
枪管长度：	368.3毫米
空枪重量：	2.88千克
供弹方式：	弹匣（20发、30发）
产　　地：	美国

步 枪

M4卡宾枪是美国柯尔特公司在M16A2突击步枪的基础上推出的短管型突击步枪型号。该枪只有三发点射与半自动射击模式，无法全自动发射，因此实用性大打折扣。M4A1卡宾枪则在M4卡宾枪的基础上发展而来，取消三发点射模式并增加全自动射击模式。M4A1卡宾枪采用直接导气式自动工作原理，枪机回转式闭锁机构，枪托为伸缩式设计，枪托完全展开时全枪长840毫米，枪托完全收缩时全枪长757毫米。

082　世界轻武器　World Small Arms

M4A1 卡宾枪特写

HK416 突击步枪

HK416 突击步枪是德国黑克勒－科赫公司以 M16 系列步枪为基础设计的短行程活塞改进型步枪。这款步枪采用短行程活塞导气式自动工作原理，枪机回转式闭锁机构，与 AR-15/M16 突击步枪相比，这种自动工作原理有着更好的可靠性。HK416 突击步枪的枪管采用优质钢材冷锻而成，机械瞄具由准星和转鼓式照门组成。同时，HK416 突击步枪有着优秀的扩展性，全枪整合有多条皮卡汀尼导轨，方便射手根据战术需求安装瞄具、战术灯、激光指示器、榴弹发射器以及各型握把等武器或附件。

弹　　种：	5.56 毫米 ×45 毫米北约标准步枪弹
全枪长度：	900 毫米
空枪重量：	3.49 千克
供弹方式：	弹匣（30 发）
产　　地：	德国

步　枪

HK417 自动步枪

HK417 自动步枪是德国黑克勒－科赫公司在 HK416 突击步枪的基础上推出的一款全威力战斗步枪型号。HK417 自动步枪采用短行程活塞导气式自动工作原理，枪机回转式闭锁机构，可靠性强。HK417 自动步枪可进行半自动或全自动射击，远距离可使用半自动射击进行单发精确点射，近距离可使用连发进行火力压制或杀伤。不过要注意的是，由于全威力弹的动能大，因此发射时所产生向后的能量也同样大，所以使用发射全威力弹的步枪进行连发射击时，对于射手来说是一个不小的考验。

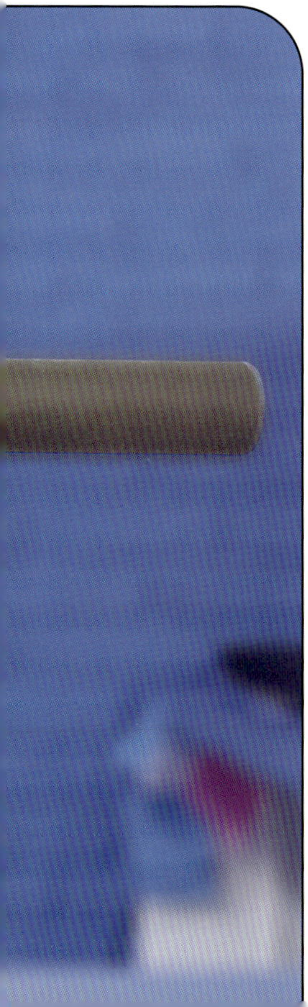

步　枪 **087**

弹　　种：	7.62毫米×51毫米北约标准步枪弹
全枪长度：	985毫米
空枪重量：	4.05千克
供弹方式：	弹匣（10发、20发）
产　　地：	德国

MK18 突击步枪

由于 M16 突击步枪和 M4A1 卡宾枪无法满足美国海军特种部队的室内作战需求，因此一种被称为"CQBR"的改装件被推出，"CQBR"是"Close Quarters Battle Receiver"的缩写，可译为"室内近战机匣"。室内近战机匣作为上机匣可安装在 M4A1 卡宾枪的下机匣上，成为一支比 M4A1 卡宾枪更加"短小精悍"的短管突击步枪。这种短管突击步枪被美国海军采用后命名为"Mk.18 Mod 0"。

步 枪

弹　　种：	5.56毫米×45毫米北约标准步枪弹
全枪长度：	762毫米（枪托展开） 679.4毫米（枪托收起）
枪管长度：	262毫米
空枪重量：	2.7千克
供弹方式：	弹匣（30发）
产　　地：	美国

IMI 沃塔尔突击步枪

沃塔尔系列步枪是以色列 IMI 公司在 20 世纪 90 年代设计的一系列无托布局的步枪型号。其中，IMI 沃塔尔系列突击步枪共有四个型号，分别为标准型 TAR-21 突击步枪、短枪管突击队员型 CTAR-21 突击步枪、枪管更短的 CQB 型 MTAR-21 突击步枪，以及精确射击型 STAR-21 步枪。

短枪管突击队员型 CTAR-21 突击步枪

步 枪 **091**

弹　　种：	5.56 毫米 ×45 毫米北约标准步枪弹
全枪长度：	725 毫米
空枪重量：	2.8 千克
供弹方式：	弹匣
产　　地：	以色列

AK5 突击步枪

20世纪70年代中期，为了替换使用已久的AK4自动步枪（瑞典产G3自动步枪），瑞典军方开展新型步枪的竞标。竞标的最终阶段只保留两款步枪进行试验，分别为比利时FN FNC突击步枪和瑞典FFV军械公司的FFV 890C步枪。考虑到FNC突击步枪的性能可以提升，因此瑞典军方采用FNC突击步枪作为军用制式步枪。瑞典对这款步枪进行一系列改进并于1985年投产，重新命名为"AK5突击步枪"。

● 当然，根据瑞典军队的需求，AK5突击步枪也并不是完全仿制FNC突击步枪，在正式投产时做出了不少改进。例如取消三发点射发射模式，并对步枪表面进行喷砂和磷化处理，枪身为深绿色。

步 枪

● AK5 突击步枪的机械式瞄具由圆柱形准星和觇孔式照门组成，准星带有护圈，保护准星的同时还能在瞄准时降低虚光的影响，照门为翻转式，表尺分划为 250 米和 400 米。

弹　　种：	5.56 毫米 ×45 毫米北约标准步枪弹
全枪长度：	1008 毫米
空枪重量：	3.9 千克
供弹方式：	弹匣（30 发）
产　　地：	瑞典

SIG556 突击步枪

SIG556 突击步枪于 2006 年首次亮相于美国拉斯维加斯 "Shot Show 2006" 的展会上，主要在美国民用市场销售。

- SIG556 突击步枪沿用了 SG550 的一些内部设计，例如击发机座和气体调节器。为了更好地在美国市场销售，SIG556 突击步枪的下机匣与 AR-15/M16 步枪的下机匣类似，并配备 AR 式的弹匣。

口　　径：	5.56 毫米
全枪长度：	927 毫米
空枪重量：	3.08 千克
供弹方式：	弹匣（30 发）
产　　地：	瑞士

●SIG556 突击步枪的机械式瞄具由准星和照门组成，准星位于护木前侧上方，照门则安装于机匣顶端的皮卡汀尼导轨上。除此之外，该枪的机械瞄具可以进行折叠，并可安装红点反射式、全息衍射式或者 ACOG 等光学瞄准镜。

●SIG556 突击步枪的护木采用防滑的聚合物材料制成，整合有三条皮卡汀尼导轨。其中，两侧的导轨较短，而下导轨较长，射手可根据作战需求或个人习惯来安装直角握把、垂直握把、两脚架、战术灯以及激光指示器等战术附件。

FN SCAR 自动步枪

FN SCAR 自动步枪是比利时 FN 公司根据美国特种作战司令部提出的"特种作战部队战斗突击步枪"选型计划而研制的一系列步枪型号,主要可分为 SCAR-L 突击步枪与 SCAR-H 自动步枪。其中,SCAR-L 突击步枪发射 5.56 毫米 ×45 毫米北约标准中间威力步枪弹,初速为每秒 890 米,使用弹匣进行供弹,弹匣容量 30 发,射击模式为全自动/半自动。

FN SCAR-L 突击步枪

- 弹　　种:5.56 毫米 ×45 毫米北约标准中间威力步枪弹
- 全枪长度:889 毫米
- 空枪重量:3.28 千克
- 供弹方式:弹匣(30 发)
- 产　　地:比利时

步 枪　097

- SCAR-H 自动步枪发射 7.62 毫米 ×51 毫米北约标准全威力步枪弹，使用弹匣进行供弹，弹匣容量 20 发，同时也能够使用 10 发弹匣。

- 随着 FN SCAR 自动步枪在美军"特种作战部队战斗突击步枪"选型计划中胜出，SCAR-L 突击步枪被美军命名为"MK16 突击步枪"，SCAR-H 自动步枪则被美军命名为"MK17 自动步枪"。

AN PEQ-15 激光指示器

XM157 火控系统

FN EGLM 榴弹发射器

FN F2000 突击步枪

FN F2000 突击步枪是 F2000 模块化武器系统的一部分。这一武器系统由比利时 FN 公司在 1995 年开始研制，并于 2001 年推出，包括突击步枪、榴弹发射器以及火控系统。就 FN F2000 突击步枪而言，这款步枪为无托式设计，采用活塞导气式自动工作原理。由于枪体大部分采用聚合物材料，因此步枪整体质量较轻，方便士兵在使用时进行机动。

步 枪 | 099

● FN F2000 模块化武器系统少量装备比利时军队或其他一些国家的军队。

弹　　种：	5.56毫米×45毫米北约标准步枪弹
全枪长度：	688毫米
空枪重量：	3.6千克
供弹方式：	弹匣（30发）
产　　地：	比利时

ACR 突击步枪

ACR 突击步枪是美国大毒蛇公司设计并生产的突击步枪型号，之后大毒蛇公司被雷明顿公司收购，因此现在的 ACR 突击步枪由雷明顿公司进行生产。ACR 突击步枪采用模块化结构设计，可通过更换不同口径转换套件来发射相应口径的枪弹。这款步枪的自动工作原理为短行程活塞导气式，活塞系统与枪管为一体式设计，更换非常方便。同时，ACR 突击步枪有着极强的扩展性，机匣顶部与护木底部都整合有皮卡汀尼导轨，护木两侧可根据需求加装导轨片。

弹　　种：	5.56 毫米 ×45 毫米北约标准步枪弹 7.62 毫米 ×39 毫米 M43 中间威力步枪弹
全枪长度：	902 毫米（枪托展开伸长） 828 毫米（枪托展开） 655 毫米（枪托折叠）
空枪重量：	3.6 千克
供弹方式：	弹匣（30 发）
产　　地：	美国

步 枪 101

ARX-160 突击步枪

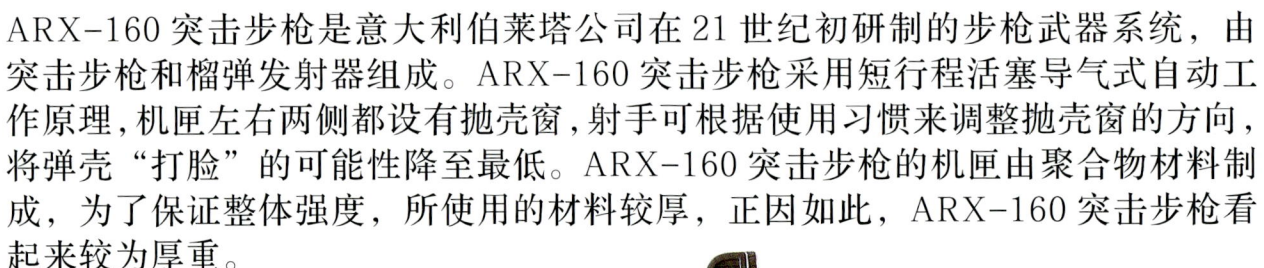

ARX-160 突击步枪是意大利伯莱塔公司在 21 世纪初研制的步枪武器系统,由突击步枪和榴弹发射器组成。ARX-160 突击步枪采用短行程活塞导气式自动工作原理,机匣左右两侧都设有抛壳窗,射手可根据使用习惯来调整抛壳窗的方向,将弹壳"打脸"的可能性降至最低。ARX-160 突击步枪的机匣由聚合物材料制成,为了保证整体强度,所使用的材料较厚,正因如此,ARX-160 突击步枪看起来较为厚重。

步 枪

弹　　种：	5.56毫米×45毫米北约标准步枪弹
全枪长度：	920毫米
空枪重量：	3.1千克
供弹方式：	弹匣（30发）
产　　地：	意大利

CZ805 突击步枪

弹　　种：	5.56 毫米 ×45 毫米北约标准步枪弹
	7.62 毫米 ×39 毫米 M43 中间威力步枪弹
全枪长度：	915 毫米
空枪重量：	3.58 千克
供弹方式：	弹匣（30 发）
产　　地：	捷克

CZ805 突击步枪是捷克布罗德工厂设计生产的一款现代突击步枪型号，这款步枪于 2009 年公开，次年被捷克军队采用作为新一代军用制式步枪。CZ805 突击步枪采用短行程活塞导气式自动工作原理，枪机回转式闭锁机构，并采用模块化设计，可通过更换枪管、枪机组、弹匣井达到更换口径的目的，以发射不同口径的枪弹。

步　枪

AK-12 突击步枪

AK-12突击步枪是俄罗斯卡拉什尼科夫集团设计的一款步枪型号。这款步枪的量产型由AK-400突击步枪改进而成。AK-12突击步枪采用长行程活塞导气式自动工作原理，枪机回转式闭锁机构，延续了俄式步枪一贯的可靠性与连发射击时不错的精度，以及快慢机手动保险的大拨片设计。AK-12突击步枪有着优秀的扩展性，机匣与护木顶部、护木底部都整合有皮卡汀尼导轨，护木两侧可根据需求安装导轨片，射手能够根据需求安装战术附件。

步 枪　107

弹　　种：5.45毫米×39毫米 M74 步枪弹
全枪长度：945毫米（枪托展开）
　　　　　725毫米（枪托收起）
空枪重量：3.3千克
供弹方式：弹匣（30发）
产　　地：俄罗斯

SIG516 突击步枪

SIG516突击步枪是西格-绍尔公司推出的一款突击步枪型号。这款步枪最早于2010年公开亮相,可以看作是AR-15突击步枪的短行程活塞改进型。SIG516突击步枪采用短行程活塞导气式自动工作原理,与AR-15突击步枪的直接导气式自动工作原理相比,有着更好的可靠性。除导气装置外,SIG516突击步枪的其他构造与AR-15突击步枪结构基本一致,下机匣能够与AR-15突击步枪通用。

步 枪

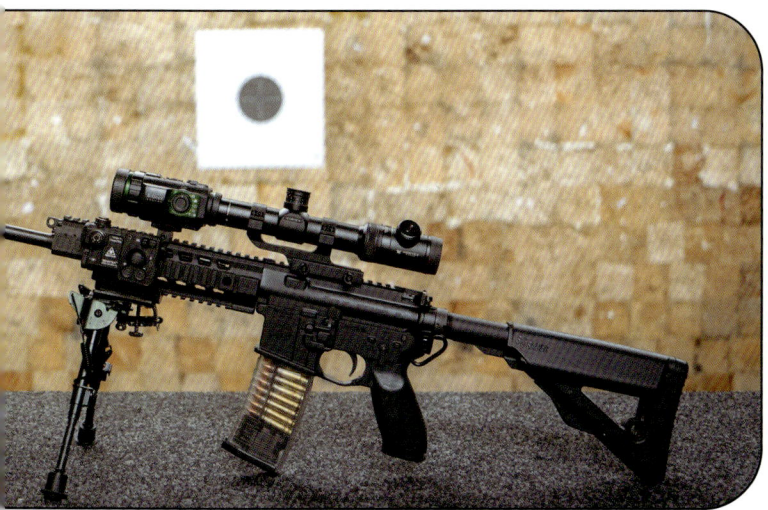

口　　径：	5.56毫米×45毫米北约标准步枪弹
全枪长度：	884毫米（枪托展开）
	805毫米（枪托收起）
空枪重量：	3.17千克
供弹方式：	弹匣（20发、30发）
产　　地：	瑞士

SIG716 自动步枪

SIG716 自动步枪是西格-绍尔公司设计的一款战斗步枪。这款步枪可以视作 SIG516 突击步枪的战斗步枪型号（战斗步枪即发射全威力步枪弹且能够进行全自动射击的步枪）。SIG716 自动步枪采用短行程活塞导气式自动工作原理，为了能够在不同的环境中作战，该枪设有四挡气体调节器。SIG716 自动步枪有着不错的扩展性，机匣顶部与护木顶部都整合有皮卡汀尼导轨。

弹　　种：	7.62 毫米 ×51 毫米北约标准步枪弹
全枪长度：	920 毫米（枪托展开）
	841 毫米（枪托收起）
空枪重量：	4.08 千克
供弹方式：	弹匣（20 发）
产　　地：	瑞士

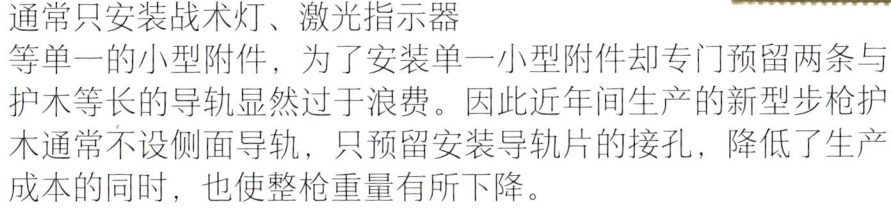

步　枪

- 2010年左右生产的步枪多使用四面导轨护木，而步枪的侧面导轨通常只安装战术灯、激光指示器等单一的小型附件，为了安装单一小型附件却专门预留两条与护木等长的导轨显然过于浪费。因此近年间生产的新型步枪护木通常不设侧面导轨，只预留安装导轨片的接孔，降低了生产成本的同时，也使整枪重量有所下降。

Noveske N4 突击步枪

Noveske N4 突击步枪是美国 Noveske 公司推出的突击步枪型号。这款步枪在 AR-15 突击步枪的基础上改进而成，采用直接导气式自动工作原理。2020 年，Noveske N4 突击步枪因美国海军特种部队的使用而进入公众视野，这代表着自 21 世纪初 HK416 突击步枪所代表的"活塞 AR"在取代了 M4A1、Mk18 代表的"气吹 AR"后，"气吹 AR"再一次获得了美国海军特种部队的青睐。

弹　　种：5.56 毫米 ×45 毫米北约标准步枪弹
　　　　　7.62 毫米 ×35 毫米步枪弹(.300 BLK)
枪管长度：266.7 毫米（10.5 英寸型枪管）
供弹方式：弹匣
产　　地：美国

步 枪

● "AR"即 AR-15 突击步枪的口语化简称。这种突击步枪衍生型号极多。其中一些衍生型改用短行程活塞导气式自动工作原理,一般简称"活塞 AR";还有一些衍生型则沿用直接导气式自动工作原理(也称"气吹式自动工作原理"),一般简称"气吹 AR"。

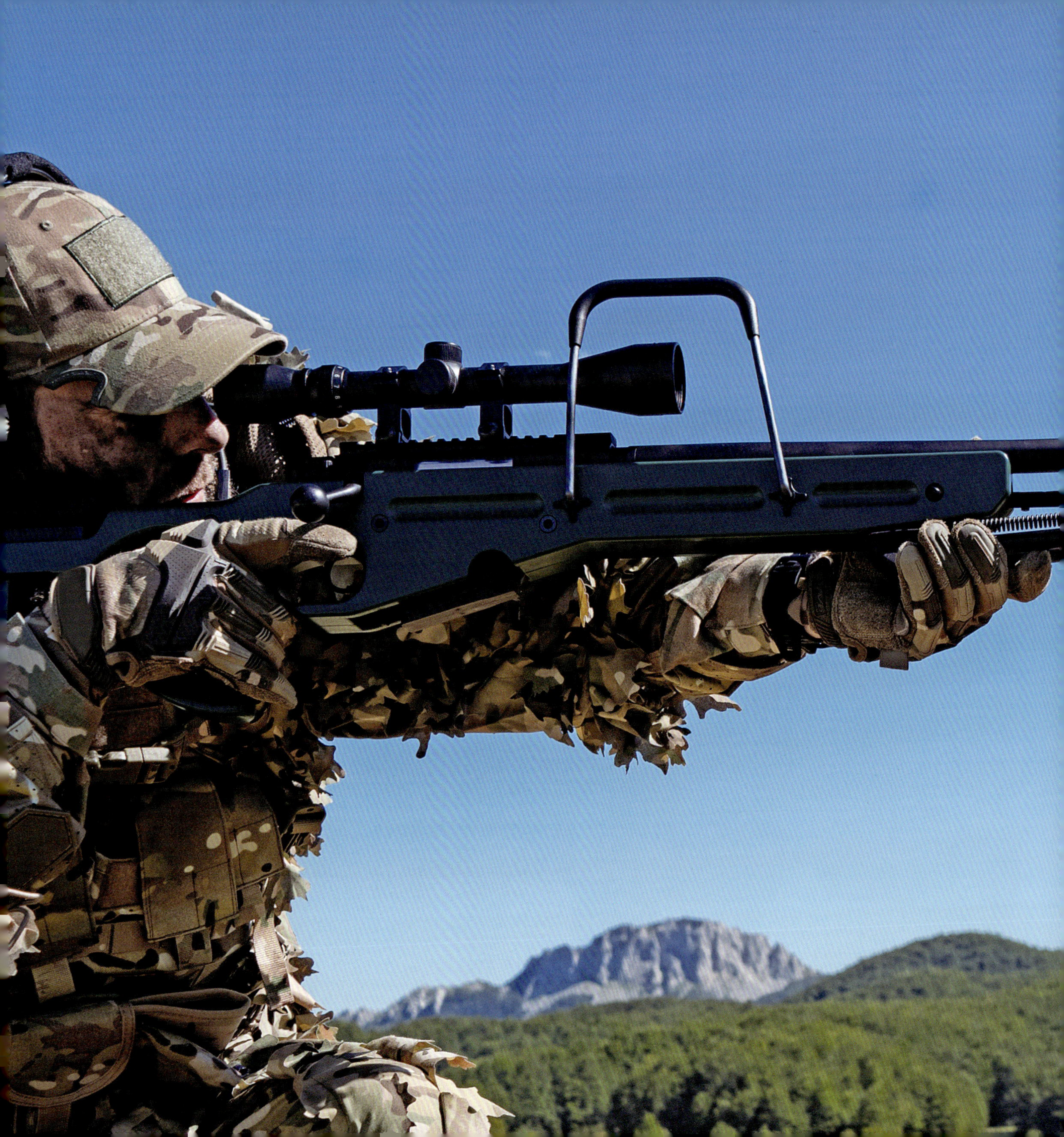

狙击步枪

SVD 狙击步枪

SVD 狙击步枪是苏联轻武器设计师叶夫根尼·费奥多罗维奇·德拉贡诺夫设计的一款半自动狙击步枪型号。这款步枪于 1963 年被苏军装备作为制式狙击步枪。SVD 狙击步枪采用短行程活塞导气式自动工作原理，较 AK-47 突击步枪的长行程活塞导气式自动工作原理有着更好的单发精度。SVD 狙击步枪配备 4×24 毫米的 PSO-1 瞄准镜，最大理论射程可达到 1300 米。

- 弹　　种：7.62 毫米 ×54 毫米狙击步枪弹
- 全枪长度：1225 毫米
- 空枪重量：3.7 千克
- 供弹方式：弹匣（10 发）
- 产　　地：苏联

步 枪

- 一般专业的军用狙击步枪的精度在 0.5MOA 至 2MOA 以内，警用狙击步枪对精度的要求则更高，一般在 0.25MOA 至 1.5MOA 以内。

- 在测试枪械精度时，通常会用到 MOA 单位，MOA 即"Minute of Angle"的缩写，译为中文即"角分"，1MOA 的意思就是"在 100 码（91.4 米）距离的射击散布范围要在 1 英寸（25.4 毫米）内"。

M40 狙击步枪

越南战争初期，美国海军陆战队急需一款可精确命中远距离目标的狙击步枪，在经过选型试验后，于1966年4月采用雷明顿700步枪作为军用制式狙击步枪，并将其命名为"M40狙击步枪"。

步 枪

M40A3 狙击步枪

- M40 狙击步枪采用旋转后拉式枪机，浮置式枪管，枪管内壁镀铬，整体重量适中，机件由工厂直接安装在无网格防滑的木质枪托上。

弹　　种：	7.62 毫米 ×51 毫米狙击步枪弹
全枪长度：	1117 毫米
空枪重量：	6.57 千克
供弹方式：	弹仓（5 发）
产　　地：	美国

- 部分早期出厂的 M40 狙击步枪配用了雷菲尔德公司生产的 Accu-Range 瞄准镜。该镜可在 3~9 倍之间变焦，镜体表面经绿色阳极氧化抛光处理，有效瞄准距离为 600 米，坚固可靠，耐用性强。

- M40 狙击步枪发射 7.62 毫米 ×51 毫米狙击步枪弹，使用固定弹仓进行供弹，弹仓容量 5 发。装填时，射手需将拉机柄旋转后拉以打开枪机，并从抛壳窗逐发向弹仓内装填子弹。

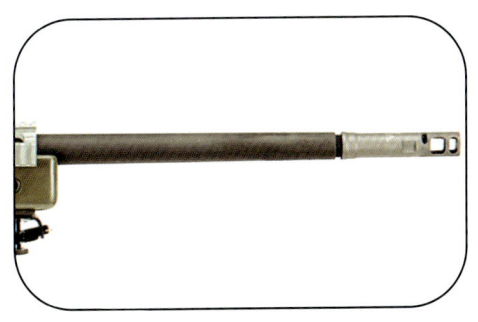

M40A5 狙击步枪

M24 狙击步枪

M24 狙击武器系统英文全称"M24 Sniper's Weapon System",简称"M24 SWS"。这款步枪于 1988 年 7 月装备美军,服役至今。M24 狙击步枪采用旋转后拉式枪机设计,枪管长度为 610 毫米,有效射程为 800 米,实战中曾取得超过 1000 米的命中记录。在射击时,M24 狙击步枪的枪口初速为每秒 790 米,在配用 M118LR 狙击弹时精度可达到 0.5MOA。

弹　　种：7.62 毫米 ×67 毫米步枪弹
　　　　　（.300 温彻斯特 – 马格南）
全枪长度：1092 毫米
空枪重量：7.3 千克
供弹方式：弹仓（5 发）

步 枪

VSS 微声狙击步枪

VSS 微声狙击步枪是苏联中央精密机械工程研究院研制的一款微声狙击步枪型号。这款步枪可以看作是 AS "VAL" 突击步枪的狙击型号，于 20 世纪 80 年代装备苏军特种部队。VSS 微声狙击步枪采用导气式自动工作原理，枪机回转式闭锁机构，结构可靠。VSS 微声狙击步枪的枪托与 SVD 狙击步枪类似，采用框架式木质运动枪托。在光学瞄具的选择方面，VSS 微声狙击步枪可安装 PSO-1 瞄准镜与 NSPU-3 夜视瞄准镜。

弹　　种：9 毫米 ×39 毫米亚音速步枪弹
全枪长度：894 毫米
空枪重量：2.6 千克
供弹方式：弹匣（10 发、20 发）
产　　地：苏联

步 枪

123

AS "VAL" 突击步枪

SV-98 狙击步枪

SV-98 狙击步枪是俄罗斯伊兹马什公司在 Record 运动步枪的基础上，于 1998 年研制而成的狙击步枪型号。这款狙击步枪于 2005 年被俄罗斯军队采用，作为制式狙击步枪使用。SV-98 狙击步枪采用旋转后拉式枪机设计，枪管长 650 毫米，枪管内具有 4 条右旋膛线，膛线缠距 320 毫米。SV-98 狙击步枪标配俄制 PKS-07 瞄准镜，在射击时枪口初速为每秒 820 米，有效射程为 1000 米。

弹　　种：7.62 毫米 ×54 毫米全威力步枪弹
全枪长度：1200 毫米
空枪重量：7.8 千克
供弹方式：弹仓（10 发）
产　　地：俄罗斯

步 枪

- 20世纪90年代，俄罗斯武装犯罪频发，在处置人质劫持等任务时，SVD狙击步枪在远距离上的精度较差，不适合作为专业狙击步枪，为此，SV-98狙击步枪应运而生。

MSR 狙击步枪

MSR 狙击步枪是美国雷明顿公司设计生产的一款栓动式狙击步枪，于 2009 年首次亮相。其命名中的 "MSR" 是 "Moduiar Sniper Rifle" 的缩写，可译为 "模块化狙击步枪"。

- MSR 狙击步枪是一款采用了模块化设计的狙击步枪。这款步枪的零部件装在一个极耐腐蚀的铝合金底座上，底座包括弹匣插座、击发机座、护木。钛合金制成的机匣安装在底座上，而浮置式枪管则通过钢制的枪管节套固定于机匣上，与整个护木都无直接接触。

686 毫米枪管型 MSR 狙击步枪

610 毫米枪管型 MSR 狙击步枪

508 毫米枪管型 MSR 狙击步枪

弹　　种：	7.62 毫米 ×51 毫米北约标准步枪弹
	7.62 毫米 ×67 毫米步枪弹（.300 温彻斯特 – 马格南）
	8.6 毫米 ×70 毫米步枪弹（.338 拉普 – 马格南）
全枪长度：	1168 毫米
枪管长度：	559 毫米
空枪重量：	7.71 千克
供弹方式：	弹匣
产　　地：	美国

- MSR 狙击步枪的枪管为比赛级枪管，枪管外面刻有纵向长槽，既减轻了质量又使枪管强度得到加强，同时提高了散热效率，枪管精度寿命大于 2500 发。

WA2000 狙击步枪

WA2000 狙击步枪是德国瓦尔特公司在 20 世纪 70 年代末至 20 世纪 80 年代初研制的一款狙击步枪，首次亮相于 1982 年，被德国一些特警单位少量装备。

.300 温彻斯特 - 马格南口径的 WA2000 狙击步枪弹匣

- WA2000 狙击步枪采用无托式结构设计，因此整枪长度较短但枪管较长。这款枪的自由浮置式枪管为比赛级重型枪管，螺接在机匣上。

- WA2000 狙击步枪采用短行程活塞导气式自动工作原理，枪机回转式闭锁机构，是一款半自动狙击步枪。

弹　　种：	7.62 毫米 ×51 毫米北约标准步枪弹
	7.62 毫米 ×67 毫米步枪弹
	7.5 毫米 ×55 毫米步枪弹
全枪长度：	905 毫米
枪管长度：	650 毫米
空枪重量：	6.59 千克
供弹方式：	弹匣
产　　地：	德国

Mk11 Mod 0 狙击步枪

Mk11 Mod 0 狙击步枪是一款以 KAC 公司 SR-25 步枪为基础改进而成的狙击步枪。该枪于 20 世纪 90 年代末期被美国海军海豹突击队采用，作为制式精确射手步枪服役。

● Mk11 Mod 0 狙击步枪采用直接导气式自动工作原理，也就是 M16 系列突击步枪的气吹式原理，导气管中未设活塞组件。

弹　　种：	7.62 毫米 ×51 毫米北约标准步枪弹
全枪长度：	1003 毫米
枪管长度：	510 毫米
空枪重量：	4.47 千克
供弹方式：	弹匣（20 发）
产　　地：	美国

M110 狙击步枪

M110 狙击步枪全称为"M110 Semi Automatic Sniper System",被美军简称为"M110 SASS",可译为"M110 半自动狙击系统",主要作为精确支援火力使用。

- 整个 M110 半自动狙击系统包括一支 M110 狙击步枪、弹匣袋、4 个 10 发备用弹匣、4 个 20 发备用弹匣、哈里斯两脚架,以及安装在导轨上的适配器。该枪配用瞄准镜为 Leupold 3.5-10×40 毫米白光瞄准镜,及其配套的镜盖、镜盒、镜袋,以及防反光装置等配件。在夜间作战时,可安装 AN/PVS-14 夜视瞄准镜,为避免暴露,可在枪口安装消焰器或 QD 消声器。考虑到在严峻的作战环境中,瞄准镜出现损坏或其他不能正常使用的故障,该系统还配有 600 米备用机械瞄具。

弹　　种: 7.62 毫米 ×51 毫米北约标准步枪弹
全枪长度: 1028 毫米
枪管长度: 508 毫米
空枪重量: 6.21 千克
供弹方式: 弹匣(20 发)
产　　地: 美国

- M110 狙击步枪的自动原理继承自 M16 系列突击步枪,并以 Mk11 Mod 0 狙击步枪为基础改进而成。该枪的自动工作原理为直接导气式,也就是常见的气吹式。此外,与采用 KAC 自由浮置式导轨的 Mk11 Mod 0 狙击步枪不同,M110 狙击步枪采用 URX 模块导轨系统,枪托可调整长度,枪口可安装消焰器或消声器。

Scout 狙击步枪

Scout 狙击步枪是奥地利斯太尔-曼利夏公司在20世纪90年代推出的一款狙击步枪型号。这款狙击步枪采用旋转后拉式枪机设计,开锁动作平滑迅速,射手需手动完成退壳、上弹等动作。Scout 狙击步枪的枪管长483毫米,机匣顶端整合有韦弗式导轨,射手可根据战术需求安装不同型号的瞄准镜。考虑到在复杂环境作战时瞄准镜损坏的可能,Scout 狙击步枪还设有机械瞄具。机械瞄具由准星和觇孔式照门组成,使用方便且操作可靠。

弹　　种:7.62毫米×51毫米北约标准步枪弹
全枪长度:1010毫米
空枪重量:2.8千克
供弹方式:弹仓(5发、10发)
产　　地:奥地利

步 枪

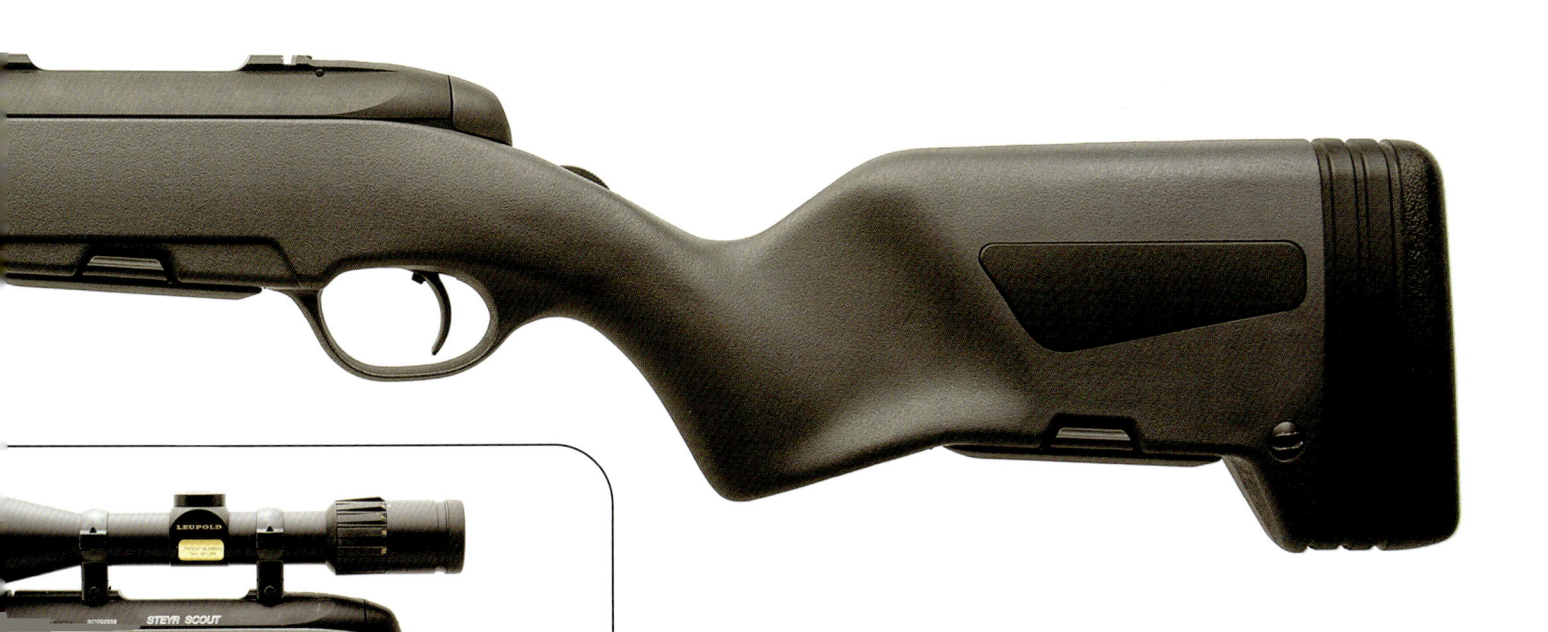

●Scout 狙击步枪因为游戏作品《反恐精英》而广为人知,因其外形小巧,所以被玩家亲切地称为"鸟狙"。

PSG-1 狙击步枪

PSG-1 狙击步枪是德国黑克勒 – 科赫公司设计生产的一款高精度半自动狙击步枪型号。这款狙击步枪内部结构与 G3 自动步枪基本相同，采用滚柱延迟反冲式闭锁枪机。考虑到精度问题，PSG-1 狙击步枪的枪管采用浮置式设计，不与护木进行"接触"。PSG-1 狙击步枪枪管长 650 毫米，在射击时枪口初速为每秒 868 米，有效射程为 800 米，射精精度在 1MOA 左右。

● PSG-1 狙击步枪未设有机械瞄具，只装备光学瞄准镜，标配亨索尔特 ZF6×42 毫米瞄准镜，瞄准镜最小射程为 100 米，最大射程为 600 米。

弹　　种：	7.62 毫米 ×51 毫米 北约标准步枪弹
全枪长度：	1230 毫米
空枪重量：	8.1 千克
供弹方式：	弹匣（5 发、20 发）
产　　地：	德国

●PSG-1狙击步枪被黑克勒-科赫公司宣称为"世界上最精确的半自动步枪之一"。据称，每一支PSG-1狙击步枪在出厂时都要经过验收，需要在300米距离上射击10发子弹，弹着点必须散布在直径8厘米的范围内，大概相当于1MOA的水平。虽然在今天许多半自动狙击步枪都可以达到这一精度标准，但在1972年这样的精度在半自动狙击步枪中确实是数一数二的。

弹匣

●PSG-1狙击步枪有着优秀的精度，但除了一些特警单位和执法机构外，采购这款枪的用户并不多。这是由于PSG-1狙击步枪抛壳的力量较大，能够达到10米之远，这对于警方的狙击手或许并不是问题，但对于军队的狙击手来说，这么远的抛壳距离使狙击手位置很容易暴露，并且在撤离前清扫潜伏地点时，也很难找到弹壳。

SSG 08 狙击步枪

SSG 08 狙击步枪是斯太尔-曼利夏公司在 SSG 04 狙击步枪的基础上改进而成的狙击步枪型号。这款狙击步枪采用斯太尔-曼利夏公司设计的 SBS 旋转后拉式枪机,考虑到安全携行的问题,SSG 08 狙击步枪设有滚轮式手动保险。SSG 08 狙击步枪具有多种口径型号,比如 7.62 毫米北约标准型、.300 温彻斯特-马格南型以及 .337 拉普-马格南型。

弹　　种: 7.62 毫米 ×51 毫米北约标准步枪弹
全枪长度: 1182 毫米(枪托展开)
　　　　　　960 毫米(枪托折叠)
空枪重量: 6.86 千克
供弹方式: 弹匣
产　　地: 奥地利

步 枪

SSG 08 狙击步枪的枪口制退器

AW 系列狙击步枪

AW 系列狙击步枪是英国 AI 公司在 20 世纪 90 年代初以 PM 狙击步枪（L96A1 狙击步枪）为基础改进而成的狙击步枪型号。该系列狙击步枪分为 AWP 狙击步枪与 AWM 狙击步枪。两种型号狙击步枪口径不同、外观尺寸不同，但同样采用旋转后拉式枪机，需射手手动完成抽壳、抛壳等动作。AW 系列狙击步枪的枪管采用浮置式枪管设计，护木与两脚架不与枪管直接接触，因此不会影响射击精度。

AWP 狙击步枪

- 弹　　种：7.62 毫米 ×51 毫米北约标准步枪弹
  6.2 毫米 ×52 毫米步枪弹（.243 温彻斯特步枪弹）
- 全枪长度：1120 毫米
- 空枪重量：6.5 千克
- 供弹方式：弹匣（10 发）
- 产　　地：英国

步 枪

AWM 狙击步枪
- **弹　　种：** 8.6毫米×70毫米步枪弹（.338拉普－马格南狙击弹）
- **全枪长度：** 1270毫米
- **空枪重量：** 6.8千克
- **供弹方式：** 弹匣（5发）
- **产　　地：** 英国

AWM 狙击步枪

巴雷特 M82A1 反器材步枪

1982年，朗尼·巴雷特设计出一款12.7毫米口径的半自动步枪，因此得名"M82"。四年后，以M82步枪为基础的改进型M82A1步枪进入民间市场，成功抢占了大口径枪械市场的先机，并引起了美国军方的注意。巴雷特M82A1反器材步枪是一款自动装填步枪，采用枪管短后坐式自动原理，无需打一枪拉一下拉机柄。作为一款大口径武器，巴雷特M82A1反器材步枪的枪口制退器可减少69%的后坐力，再加上一部分后坐力作用于枪管、枪机、枪机框以及复进簧，因此这款步枪的可感后坐力并不大。

● 美军于1990年开始采购M82A1反器材步枪，到了2005年正式采用M82A1反器材步枪的改进型M82A1M反器材步枪作为制式大口径狙击步枪进行使用，并命名为"M107反器材步枪"。

步枪

弹　　种：	12.7 毫米 ×99 毫米 北约标准弹（.50 BMG）
全枪长度：	1448 毫米
空枪重量：	14.76 千克
供弹方式：	弹匣（10 发）
产　　地：	美国

巴雷特 M98B 狙击步枪

巴雷特 M98B 狙击步枪是美国巴雷特公司研制的一款高精度狙击步枪型号。这款狙击步枪采用旋转后拉式枪机设计，是一款手动狙击步枪。巴雷特 M98B 狙击步枪采用模块化设计，射手可根据作战需求或个人习惯进行必要的修改，比如扳机力等。同时，巴雷特 M98B 狙击步枪配用 BORS 瞄准系统的瞄准镜，安装在步枪机匣顶端的皮卡汀尼导轨上。

步 枪

弹　　种：8.6毫米×70毫米狙击步枪弹
　　　　　（.338拉普－马格南狙击弹）
全枪长度：1264毫米
空枪重量：6.12千克
供弹方式：弹匣（10发）
产　　地：美国

TAC-50 狙击步枪

TAC-50 狙击步枪由美国麦克米兰公司研制生产，美国海军海豹突击队是这款枪的第一个客户，并将其重新命名为"Mk15 Mod 0 SASR"。2000 年，TAC-50 狙击步枪被加拿大军方采用，配发给一些经验丰富的狙击手。

弹　　种：	12.7 毫米 ×99 毫米北约标准弹
全枪长度：	1448 毫米
空枪重量：	11.8 千克
供弹方式：	弹匣（5 发）
产　　地：	美国

M200 狙击步枪

M200 狙击步枪由 CheyTac 公司设计生产，是该公司设计的"干预"系列狙击步枪的产品之一。

- M200 狙击步枪采用旋转后拉式枪机，需手动操作。这款枪的重型枪管为自由浮置式，枪管内有 8 条膛线，膛线缠距 330 毫米。枪管可进行快速拆卸，其表面带有凹槽，可在一定程度上减轻枪管质量，并提高枪管的散热性。

- M200 狙击步枪的枪管后半部被从机匣上延伸出的管状护筒包裹，折叠式两脚架和提把都装在这一枪管护筒的上方，护筒同时充当护木。两脚架在不使用时可以折起来，而提把在不使用时也可以旋转至护木下方，可在握枪时使用。

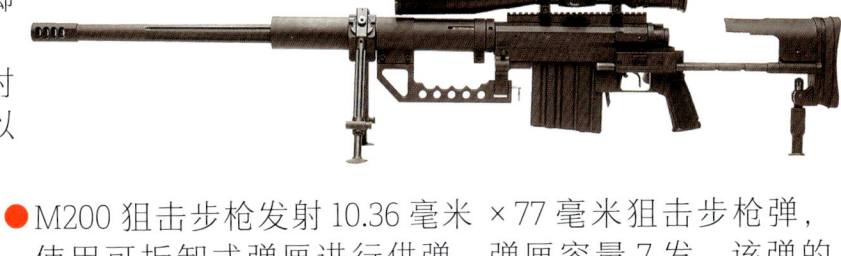

- M200 狙击步枪发射 10.36 毫米 ×77 毫米狙击步枪弹，使用可拆卸式弹匣进行供弹，弹匣容量 7 发。该弹的弹头外形采用低阻力形状，这样的设计可以使这枚重 27.15 克的弹头在 2000 米外的距离依然能够保持超音速状态。由于初速较高，因此在 700 米左右的距离，10.36 毫米狙击步枪弹弹头比 12.7 毫米北约狙击步枪弹弹头有着更大的动能。由于质量轻，因此 10.36 毫米狙击步枪弹的后坐力也更小，同时也有着更高的有效射程和更平直的弹道。

弹　　种：	10.36 毫米 ×77 毫米狙击步枪弹
全枪长度：	1346 毫米
空枪重量：	14 千克
供弹方式：	弹匣（7 发）
产　　地：	美国

HK G28 狙击步枪

G28 狙击步枪是德国黑克勒-科赫公司设计生产的半自动狙击步枪型号。这款步枪于 2016 年被美军采用作为精确射手步枪使用。HK G28 狙击步枪采用短行程活塞导气式自动工作原理，可以看作是一支"活塞 AR"。HK G28 狙击步枪的枪管长 420 毫米，有效射程为 800 米，精度可达到 1.5MOA。

步 枪

弹　　种：	7.62毫米×51毫米北约标准步枪弹
全枪长度：	1082毫米
空枪重量：	5.8千克
供弹方式：	弹匣（10发、20发）
产　　地：	德国

R93 LRS2 狙击步枪

R93 LRS2 狙击步枪是德国布莱赛尔公司以 R93 民用型猎枪为基础改进而成的一款狙击步枪型号，这款狙击步枪采用直拉式枪机设计，射手需手动操作完成退壳与上弹等动作。为了保证射击精度，R93 LRS2 狙击步枪的枪管采用浮置式设计，枪管长度为 627 毫米，由铬钼镍合金钢制成，表面具有凹槽。

弹　　种：	7.62 毫米 ×51 毫米北约标准步枪弹
全枪长度：	1130 毫米
空枪重量：	5.4 千克
供弹方式：	弹匣（5 发）
产　　地：	德国

步　枪

L129A1 狙击步枪

L129A1狙击步枪是美国刘易斯机器与工具（LM&T）公司生产的一款半自动狙击步枪型号，主要装备英军。L129A1狙击步枪以AR-10自动步枪为基础，采用直接导气式自动工作原理，枪机回转式闭锁机构。枪机头有7个闭锁凸榫。L129A1狙击步枪具有优秀的扩展性，机匣/护木顶部、护木两侧与底部都整合有皮卡汀尼导轨，射手可根据战术需求安装瞄准镜、激光测距仪、两脚架、握把等战术附件。

- 英军首次订购440支L129A1狙击步枪并装备驻阿富汗部队。英军的一等射手使用该枪为步兵提供500~800米的精确支援火力。除此之外，英国的一些特种部队也装备有L129A1狙击步枪，该型号枪使用较为广泛。

步 枪

弹　　种：7.62毫米×51毫米北约标准步枪弹
全枪长度：990毫米
空枪质量：4.5千克
供弹方式：弹匣（20发）

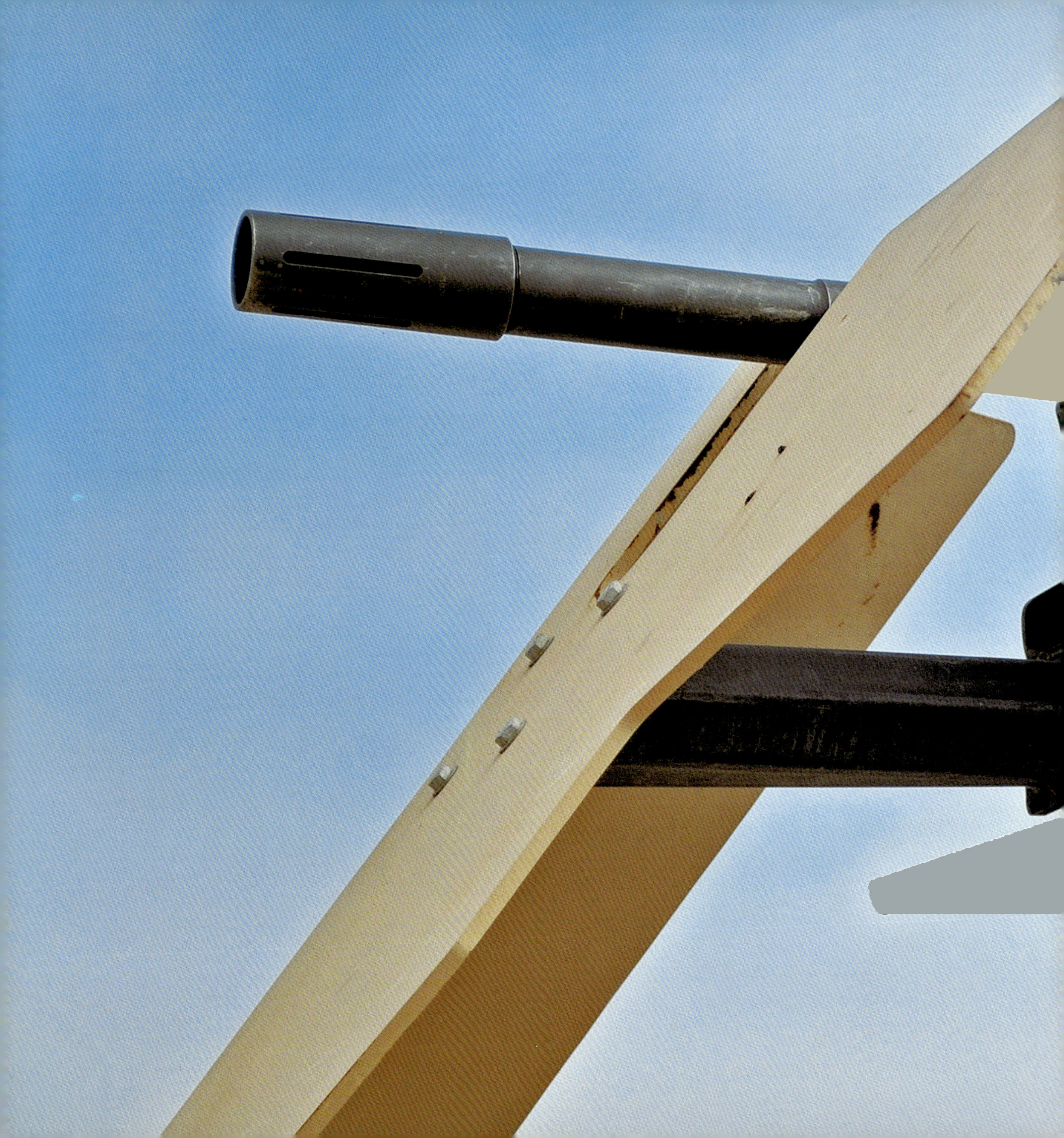

榴弹发射器

M79 榴弹发射器

M79 榴弹发射器是美国春田兵工厂在 20 世纪 50 年代设计的一款榴弹发射器，美国陆军于 1960 年采用这款榴弹发射器作为支援武器使用。M79 榴弹发射器是一款后膛装填、单发发射、中折式设计的肩射武器，从外观上看非常像一把口径加大的中折式短管猎枪。M79 榴弹发射器结构简单，易于维护，是步兵手中可靠的爆炸性面杀伤（"群体"杀伤）武器。

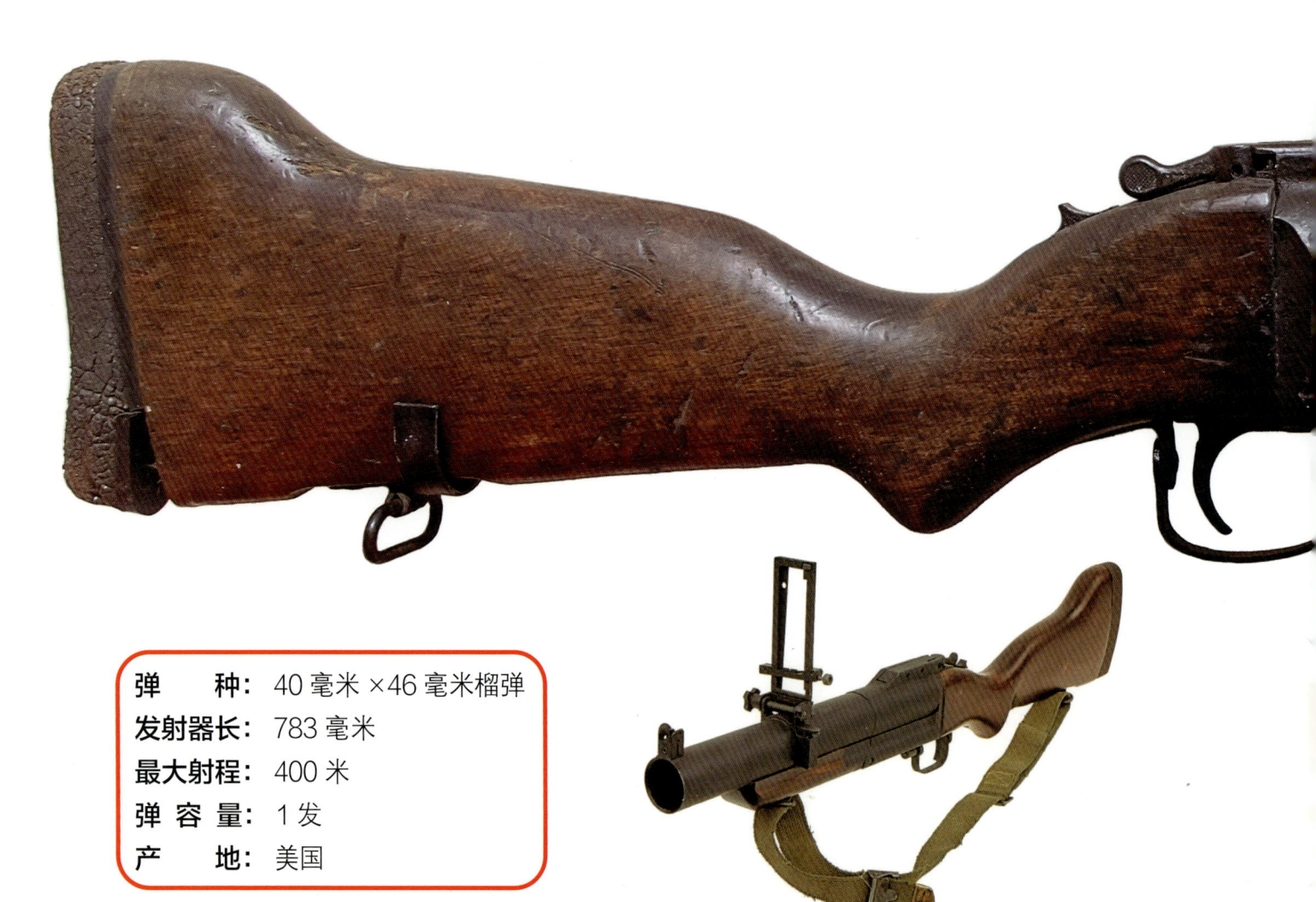

弹　　种：40 毫米 ×46 毫米榴弹
发射器长：783 毫米
最大射程：400 米
弹 容 量：1 发
产　　地：美国

榴弹发射器

M203 榴弹发射器

20世纪60年代末期，美军采用AAI公司提供的步枪下挂榴弹发射器型号，并将这种榴弹发射器命名为"M203榴弹发射器"。早期的M16系列突击步枪需要使用专用护木安装M203榴弹发射器，而且榴弹发射器并非安装在护木下方，而是直接挂在枪管上，这种安装方式必然对步枪的射击精度产生影响。在美军换装了M16A3、M16A4突击步枪以及M4A1卡宾枪后，M203榴弹发射器也更新换代至M203A2型，该型号能够与皮卡汀尼导轨进行结合，拆装非常方便。

弹　　种：	40毫米×46毫米榴弹
发射器长：	380毫米
最大射程：	400米
弹容量：	1发
产　　地：	美国

榴弹发射器

AGS-17 榴弹发射器

AGS-17 榴弹发射器是苏联图拉仪器设计局在 1967 年研制的自动榴弹发射器型号。这款榴弹发射器于 1971 年量产，1975 年装备苏联军队。AGS-17 榴弹发射器采用枪机后坐式自动工作原理，开膛待击式结构设计，通过击锤进行击发。在发射时，AGS-17 榴弹发射器的初速为每秒 183 米。为了方便携行，AGS-17 榴弹发射器可拆分为发射器与三脚架，由主射手和副射手进行携带，接敌或进入战场后可迅速组装，进行平射或曲线射击，对敌方有生力量进行杀伤，有效射程为 1700 米。

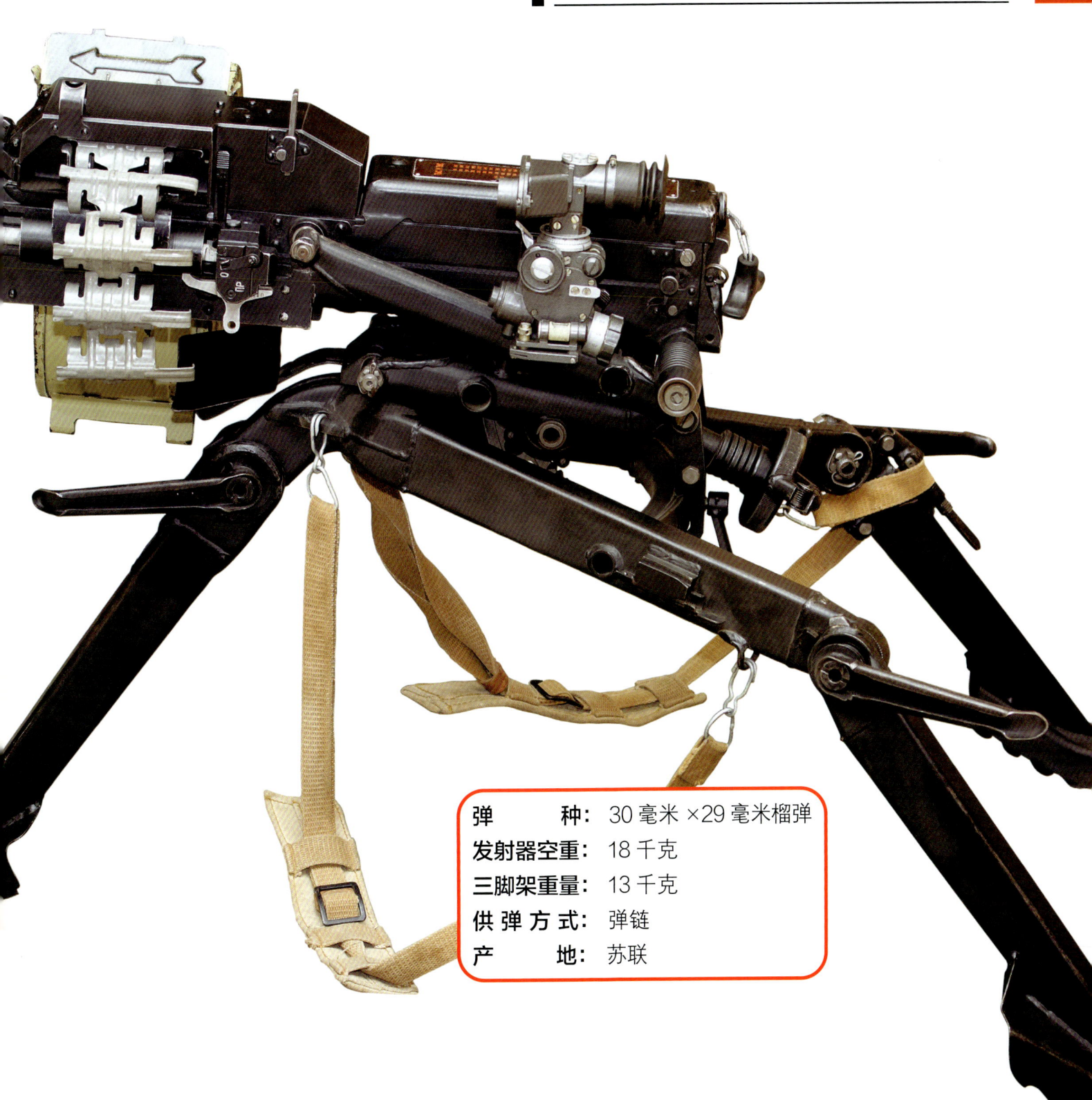

榴弹发射器 | 157

弹　　种：	30毫米×29毫米榴弹
发射器空重：	18千克
三脚架重量：	13千克
供弹方式：	弹链
产　　地：	苏联

GP-25 榴弹发射器

GP-25 榴弹发射器是苏联运动及狩猎武器中央设计研究局在 20 世纪 70 年代中期研制的一款下挂式榴弹发射器型号，1981 年被苏军采用。GP-25 榴弹发射器的发射筒为钢材制成，发射筒内刻有 12 条右旋膛线，可进行平射或曲射，能够对掩体后方的有生力量进行杀伤。GP-25 榴弹发射器可安装在 AK-47、AKM、AK-74 以及 AN-94 等多数俄制突击步枪的护木下方，应用广泛。

弹　　种：	40 毫米无壳榴弹
发射管长：	120 毫米
弹 容 量：	1 发
产　　地：	苏联

榴弹发射器

MGL 榴弹发射器

MGL 榴弹发射器是南非米尔科姆公司研发生产的一系列榴弹发射器型号。该系列榴弹发射器通过转轮弹膛进行供弹，从外观上看就像是一个巨大的转轮手枪。MGL 系列榴弹发射器的早期型号可追溯至 20 世纪 80 年代的 MGL Mk-1，之后又经历了 Mk-1L、Mk-1S、MGL-140 及 MGL-105 等改进型，并于 2007 年推出发射 40 毫米×51 毫米新型榴弹的 XR GL40 榴弹发射器。2005 年，美国海军陆战队采购了一批 MGL-140 榴弹发射器，作为步兵的支援武器使用。

榴弹发射器

弹　　种：40毫米×46毫米榴弹
发射器长：812毫米
发射器空重：6.8千克
供弹方式：转轮弹巢（6发）
产　　地：南非

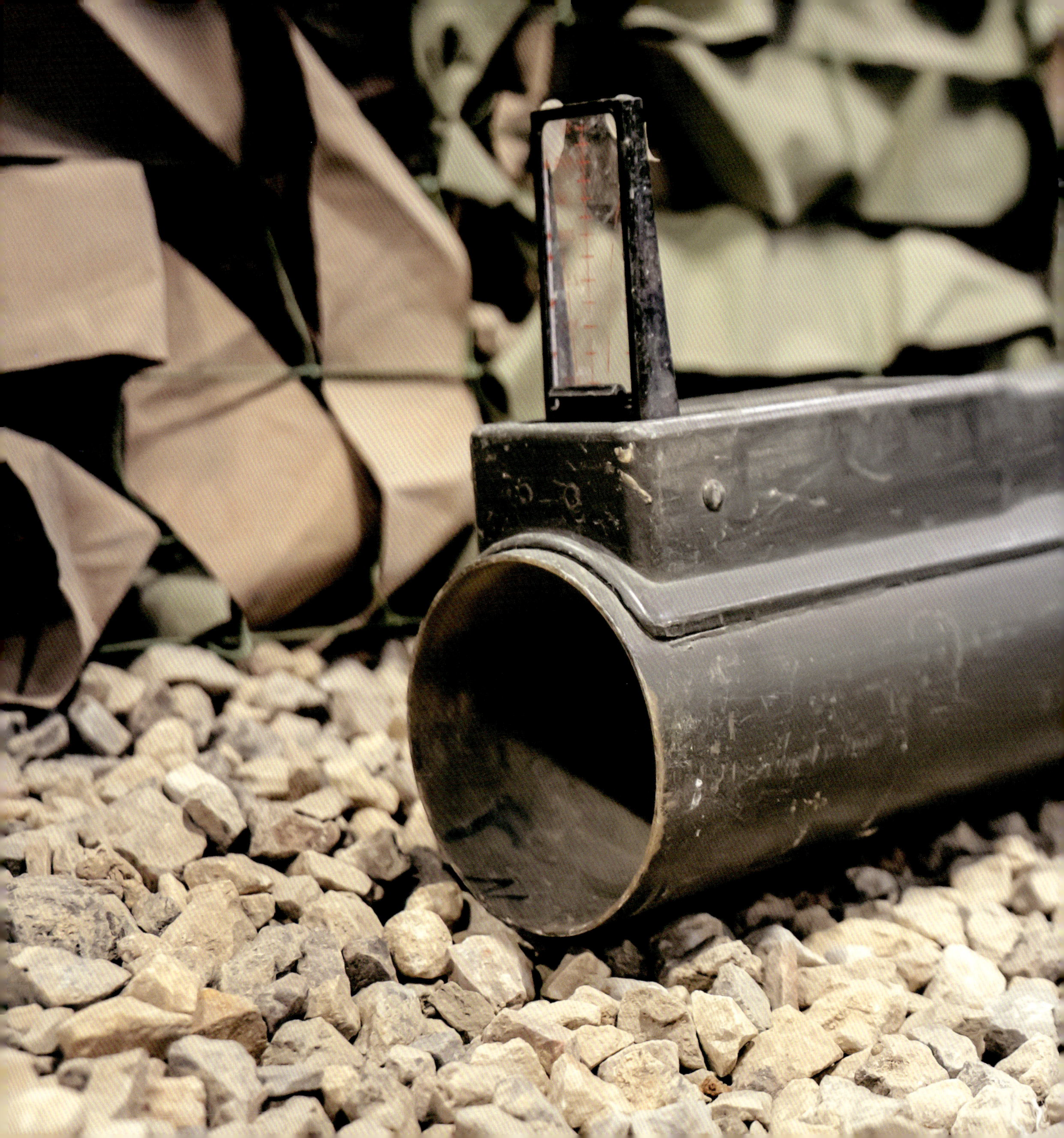

火箭筒

RPG-7 火箭筒

RPG-7 火箭筒是苏联在 1960 年研制、1961 年量产并装备苏军的一款超口径火箭筒型号。超口径火箭筒即火箭弹的弹体直径大于发射筒直径。RPG-7 火箭筒在发射后，火箭弹的尾翼能够展开以提高飞行稳定性。考虑到发射时让射手保持稳定，RPG-7 火箭筒的发射筒前方装有两脚架，射手可将其展开，放置于地面或其他支撑物上，进行有依托射击。总体而言，RPG-7 火箭筒是一种结构简单、高效且造价低廉的反装甲、反人员武器。

发射筒口径：	40 毫米
火箭弹口径：	40~105 毫米
发射筒全长：	960 毫米
发射筒空重：	7.9 千克
产　　地：	苏联

火 箭 筒

RPG-22 火箭筒

RPG-22 火箭筒是苏联在 20 世纪 80 年代研制的一款单兵轻型火箭筒型号。这款火箭筒于 1985 年装备苏军。RPG-22 火箭筒由发射筒、发射机构、击发机构、瞄具、密封端盖及背带等零部件组成。发射筒分为内筒和外筒两部分，在发射之前需要将内筒抽出。RPG-22 火箭筒所发射的破甲火箭弹的破甲厚度为 400 毫米，火箭弹飞离发射筒时尾翼会展开，以保证其飞行稳定性。

火箭筒

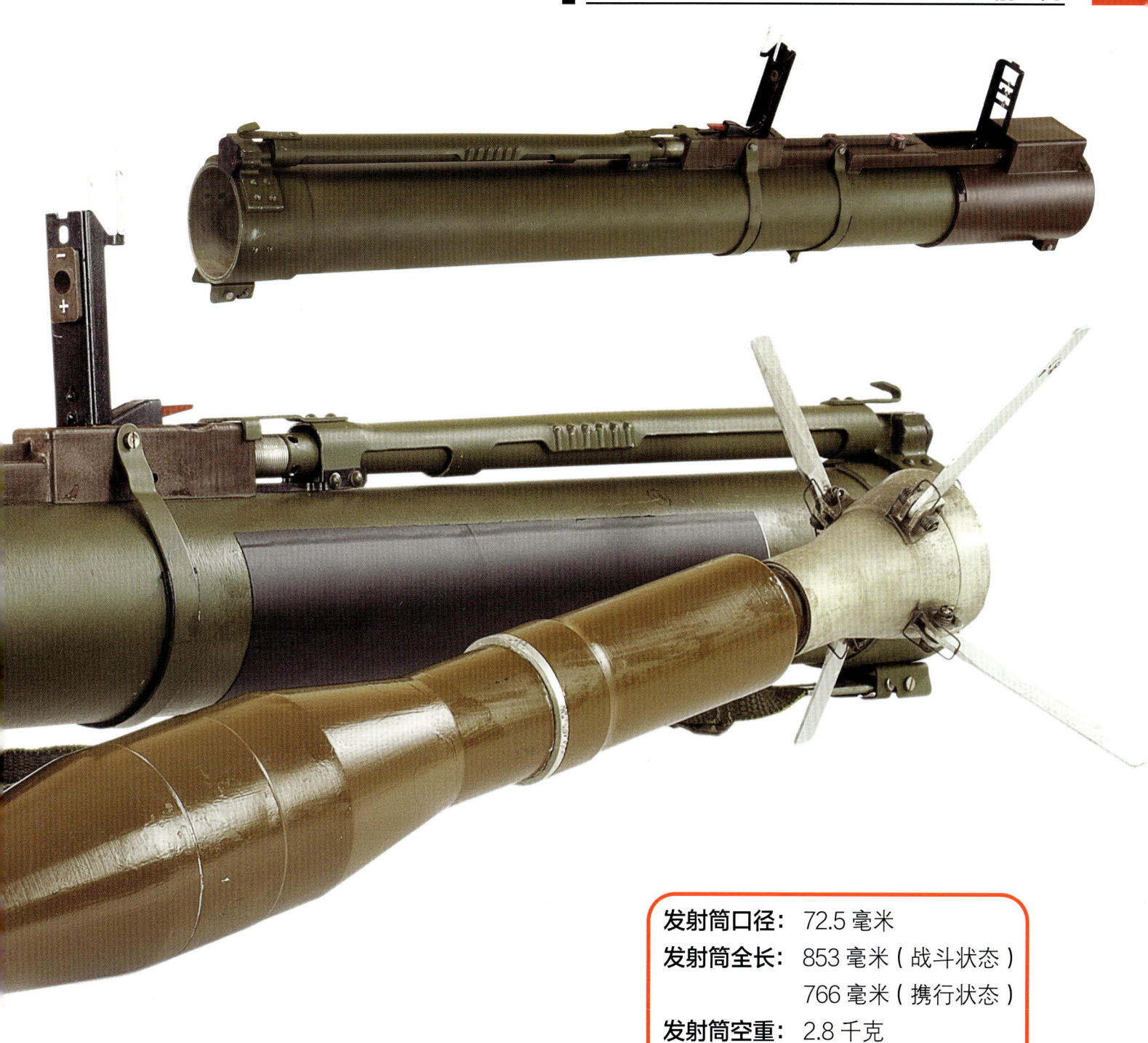

发射筒口径：	72.5 毫米
发射筒全长：	853 毫米（战斗状态）
	766 毫米（携行状态）
发射筒空重：	2.8 千克
有效射程：	250 米

RPG-26 火箭筒

RPG-26 火箭筒是苏联在 RPG-22 的基础上改进而成的单兵轻型火箭筒。这款火箭筒于 1986 年装备苏军。与 RPG-22 火箭筒的套筒式结构不同，RPG-26 火箭筒采用单筒式设计，一次性使用，发射后即可丢弃。RPG-26 火箭筒发射 72.5 毫米破甲火箭弹，破甲厚度 440 毫米。这种火箭弹的基本结构由风帽、主副药柱、药型罩及铝合金弹体组成。压电引信由头部压电机构和底部机构两部分组成。

火箭筒

发射筒口径：	72.5 毫米
发射筒全长：	770 毫米
火箭筒空重：	2.9 千克
有 效 射 程：	250 米
产　　　地：	苏联

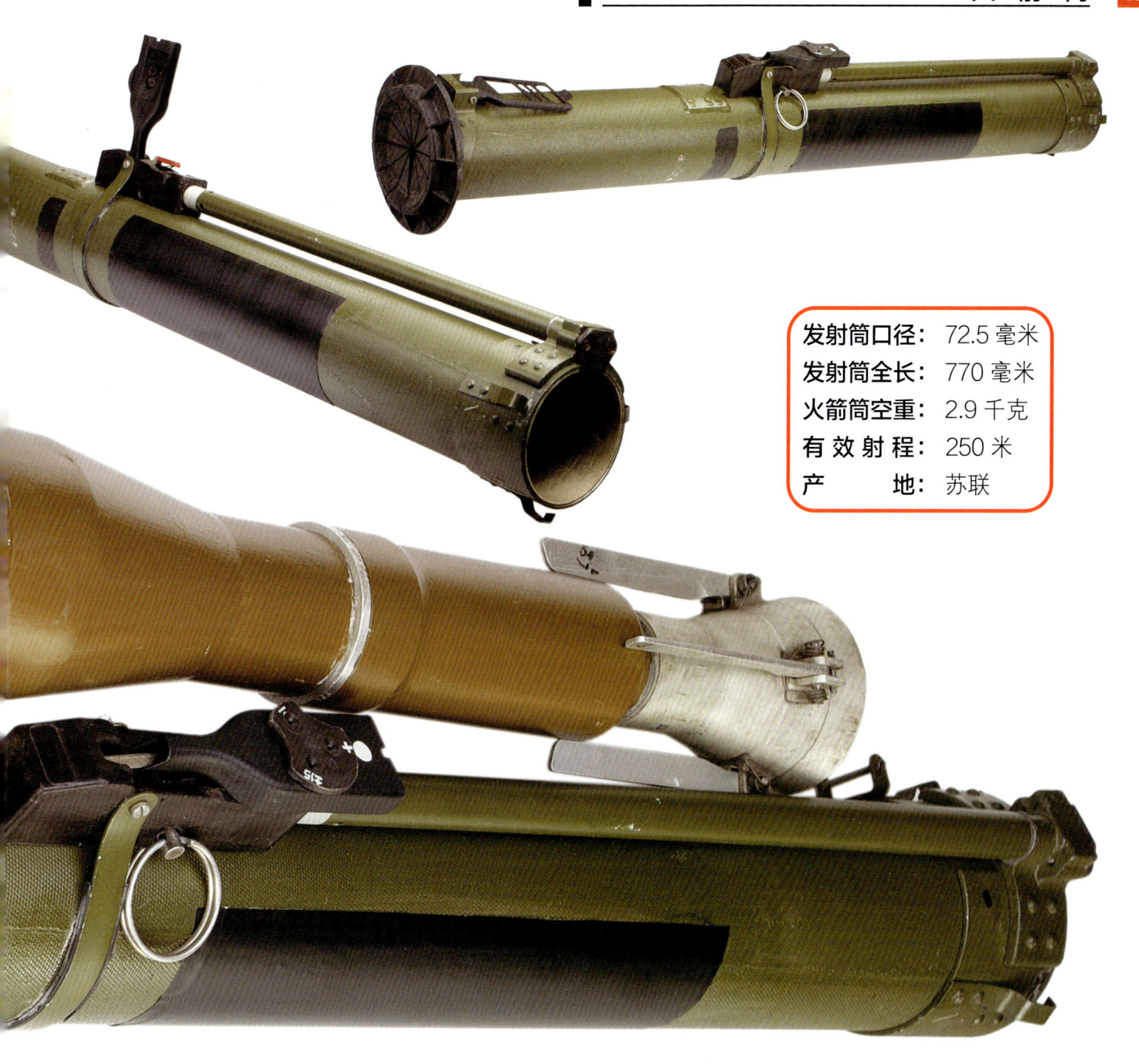

AT4 火箭筒

AT4 火箭筒是瑞典 FFV 军械公司在 1976 年开始研制的单兵轻型火箭筒型号，1982 年开始进行小规模生产，1985 年装备美军，以替换美军装备的 M72 火箭筒。AT4 火箭筒是一种预装弹、发射后即弃的一次性火箭筒。这款火箭筒采用单筒式设计，发射空心装药破甲弹。这种火箭弹使用铝制或铝铜复合药型罩，穿甲过程为接触、烧灼、破甲及破甲后效果等几个阶段。破甲后火箭弹会在目标内产生高热、高压及大范围杀伤破片，并伴有燃烧和致盲性强光。

发射筒口径：	84 毫米
发射筒全长：	1020 毫米
发射筒空重：	6.7 千克
有效射程：	300 米
产　　地：	瑞典

● AT4 火箭筒不仅被美国和北约应用在战场上，游戏中的应用也相当广泛。例如在军事模拟游戏《武装突袭 3》和具有电影般精彩剧情的《使命召唤：现代战争》系列游戏中，玩家都能装备使用这件武器。

火箭筒 171

图书在版编目（CIP）数据

世界轻武器. 步枪、榴弹发射器、火箭筒 / 罗兴编著. -- 长春：吉林美术出版社，2024.4
 ISBN 978-7-5575-8891-5

Ⅰ.①世… Ⅱ.①罗… Ⅲ.①轻武器－介绍－世界 Ⅳ.①E922

中国国家版本馆CIP数据核字(2024)第080695号

世界轻武器 步枪、榴弹发射器、火箭筒
SHIJIE QINGWUQI BUQIANG、LIUDAN FASHEQI、HUOJIANTONG

编　　著	罗　兴
责任编辑	陶　锐
开　　本	720mm×920mm　1/12
印　　张	15
字　　数	75千字
版　　次	2024年4月第1版
印　　次	2024年4月第1次印刷
出版发行	吉林美术出版社
地　　址	长春市净月开发区福祉大路5788号
	邮编：130118
网　　址	www.jlmspress.com
印　　刷	小森印刷（北京）有限公司

ISBN 978-7-5575-8891-5　　　定价：58.00元